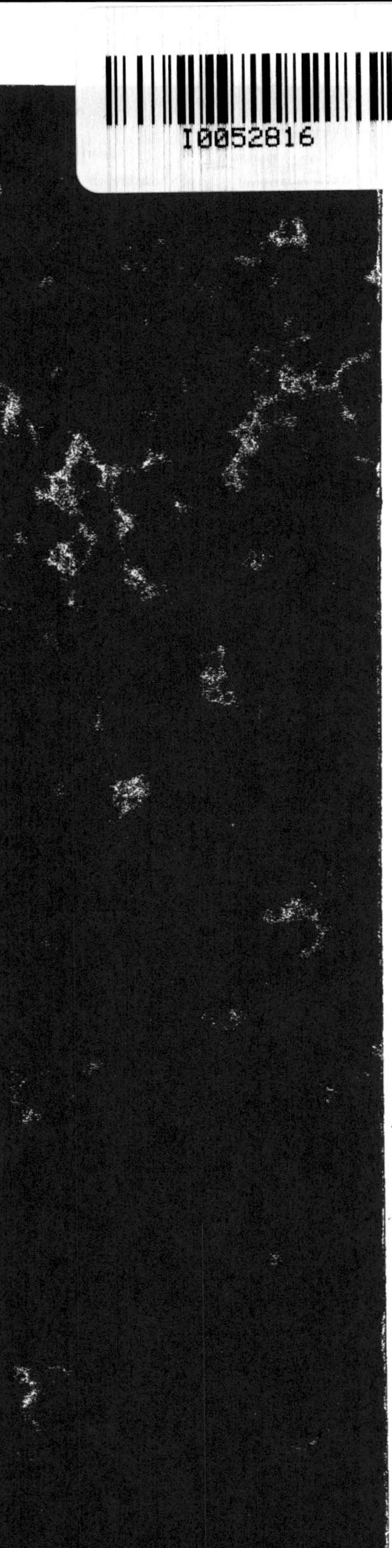

FLORE ET POMONE

LYONNAISES.

LYON. — IMP. ET LITH. NIGON.

FLORE ET POMONE LYONNAISES

OU

DESSINS ET DESCRIPTION DES FLEURS ET DES FRUITS

OBTENUS OU INTRODUITS

PAR LES HORTICULTEURS DU DÉPARTEMENT DU RHONE,

publiée

Sous les auspices de la Société d'Horticulture du Rhône,

RÉDIGÉE

Par N.-C. SERINGE,

Professeur de Botanique à la Faculté des Sciences, Directeur du Jardin-des-Plantes, Membre de l'Académie royale des Sciences et Arts de Lyon, de la Société royale d'Agriculture & de la Société d'Horticulture de la même ville, etc., etc.,

AVEC LA COLLABORATION LIBRE

De MM. **HÉNON**, ancien Directeur de la Pépinière départementale, Membre de l'Académie royale des Sciences et Arts de Lyon, de la Société royale d'Agriculture et de la Société d'Horticulture de la même ville,

Et C.-Fortuné **WILLERMOZ**, Professeur de l'Ecole d'Horticulture du département du Rhône, et Secrétaire de la Société d'Horticulture.

Dessins par Eugène GROBON. — Gravures par Etienne DUCHÊNE.

LYON.

CHARLES SAVY JEUNE, libraire, place Louis-le-Grand, 14.

ETIENNE DUCHÊNE, grande rue des Capucins, 5.

—

1847.

1848

AU LECTEUR.

Les progrès de l'horticulture sont en rapport avec le goût toujours croissant pour cette science utile autant qu'aimable. Ses heureux développements encouragent et déterminent des études nouvelles. En France comme à l'étranger, artistes et écrivains rivalisent d'efforts et de zèle pour constater le charme et les avantages des plus riches cultures. Et nous aussi nous voulons entrer dans la carrière ouverte à tous ; mais nos procédés seront plus solides que brillants.

Point d'aventureuses théories ; nous écrirons, nous dessinerons au milieu des jardins et des vergers ; la nature bien observée dans ses phénomènes les plus intéressants sera notre constant modèle.

Nous donnerons les figures, les descriptions et les meilleurs moyens de culture des fleurs et des fruits obtenus dans le département du Rhône. Nous ferons connaître une infinité de plantes et de fruits encore étrangers aux Traités ou aux Catalogues horticoles.

Nos colonnes seront enrichies par les dessins et les descriptions des Roses remarquables obtenues chaque année à Lyon, et qui sont appelées à ajouter un nouvel éclat à la réputation de leurs devancières.

Nous ne négligerons rien de ce qui pourra donner à cet ouvrage tout le degré d'utilité et d'agrément possible. Nous porterons un soin particulier à la nomenclature et à la classification des fleurs et surtout à celle des fruits, en leur appliquant les règles admises dans les autres branches de l'histoire naturelle. Pour y parvenir, nous mettrons en contact l'horticulteur avec le botaniste ; ils se doivent un mutuel secours : le premier puisera dans la botanique des connaissances qui lui sont indispensables pour éclairer sa pratique; le second trouvera dans l'horticulture des faits physiologiques qui seront précieux pour la science.

Enfin, nous espérons que la parfaite exécution et la fidélité des dessins, qu'une rédaction simple et lucide, donneront de l'intérêt à cette publication, appelée par son caractère à augmenter le nombre des amateurs de jardins et à répandre la prospérité et l'aisance dans la famille de l'horticulteur.

Les caractères essentiels de la plante figurée occupent le premier *alinéa*. Nous donnons ensuite les développements que nécessite le sujet.

Nous indiquons, au bas de la première page de chaque feuillet, l'époque de sa publication, la famille à laquelle le végétal appartient, et enfin, le numéro de l'ordre dans lequel il a paru. De cette manière, messieurs les souscripteurs auront la facilité de disposer les objets comme ils le jugeront convenable, soit d'après un ordre méthodique, de famille, de genre, ou bien alphabétiquement; et, au moyen des feuillets mobiles, on évitera l'inconvénient que présente nécessairement une publication morcelée, en la rattachant comme illustration à l'ouvrage d'horticulture générale, que chacun pourra déjà posséder, ou voudra acquérir (1).

(1) La Flore des jardins et des grandes cultures, de l'auteur de ce travail, pourra servir à établir une distribution méthodique, et la Flore et Pomone Lyonnaises en deviendra l'illustration.

Aug. Gruben ad nat. pinx. Duchêne sc. Lyon.

Camellia Lacène.

Pegeron imp. Lyon.

CAMELLIA LACÈNE.

Camellia Japonica Laceneana (Sering.).

Écorce crevassée et comme écailleuse longitudinalement, roussâtre. **Rameaux** ascendants, formant, avec la tige, des angles aigus. **Feuilles** obscurément dentées. **Fleurs** doubles, à pétals imbriqués, de trois couleurs bien distinctes, rouge, blanc et bleu.

Un individu végétal produit ordinairement toutes ses fleurs d'une même couleur. Cependant quelques plantes offrent des exceptions qui, toutes, n'ont pas encore été vues. On trouve, sur un pied d'*OEillet* panaché, une fleur toute rouge. Un *Dahlia* produit quelquefois des têtes de fleurs panachées, tandis que l'une d'elles est d'une seule couleur. M. Van-Ghirdale en cite un exemple sur un *Camellia*, à Gand. Il a observé, sur le *Camellia Duchesse d'Orléans*, dont le caractère est d'avoir une belle et grande fleur blanche rayée de rouge, un rameau portant des fleurs également grandes, bien imbriquées, et dont les pétals roses sont rayés de bandes rouge cerise. M. C. Le Maire a désigné cette variation sous le nom de *Camellia Comte de Paris* (1). L'un de nos amateurs d'horticulture les plus distingués vient aussi de présenter à une Commission de la Société d'Horticulture pratique du Rhône (2), un exemple bien plus étonnant de couleurs très tranchées, dans un admirable et vraiment merveilleux *Camellia*. M. Lacène,

---

(1) Flore des serres et des jardins de l'Europe, II, p. 150. Septembre 1846.

(2) Les membres présents étaient MM. Menoux, président, Armand (Etien.), Duchêne, Grobon, Guillot (J.-B[te]), Hamon, Jobert, Lacène, Luizet père, Seringe, Willermoz (Fortuné), Willermoz (Fréd.).

à qui l'horticulture lyonnaise doit ses Expositions de fleurs, a montré l'un des phénomènes les plus surprenants de couleurs que présentera probablement jamais le *Camellia du Japon*. Cet arbuste fut acheté à M. VÉTILLARD, en avril 1843, par M. LACÈNE. Il a actuellement environ deux mètres de hauteur. Le 20 mars 1844, il produisit deux belles fleurs, d'une assez grande dimension, bien faites, et d'un beau rouge. Le 12 avril suivant, il avait dix fleurs d'une couleur parfaitement semblable aux premières. En 1845, sa fleuraison commença à la fin de mars, et, le 7 avril, il avait quatre belles fleurs, toujours de la même couleur. En 1846, ses fleurs se sont montrées les premiers jours d'avril, toujours avec la même forme et la même teinte. Enfin, les derniers jours de décembre, les deux premières fleurs écloses n'étaient plus celles du *Camellia imbricata rubra;* elles étaient tricolores. Le 6 janvier 1847, une troisième fleur s'est épanouie sur un autre rameau que les premières. Un bouton très avancé, qui existe au moment où nous faisons connaître ce singulier et très extraordinaire phénomène, est encore plus bleu en dehors que ne l'étaient les précédentes fleurs. Ce même arbuste porte encore une douzaine de boutons que nous espérons voir bientôt s'épanouir. L'individu qui produit cette étonnante fleuraison, est greffé sur une tige très lisse, grise. Tous les rameaux de la greffe ont une écorce rousse, et leur axe principal surtout, quoique très sain, est fendillé à la manière du tronc du *Chico* (*Gymnocladus Canadensis*). Les **Rameaux** sont très ascendants, les **Feuilles** très vertes, épaisses, arquées, très luisantes, finement et obscurément dentées. Les **Fleurs** présentent des pétals rouges, blancs et bleus. Ces deux premières couleurs sont disposées, tantôt par plaques plus ou moins fondues, d'autres fois par lignes ou par bandes nettement arrêtées : leurs bords et leurs faces sont d'ailleurs largement teintés, par places, de bleu clair. Dans l'échantillon que nous figurons, quelques pétals sont en outre étroitement bordés d'une ligne (liseret), d'un rouge intense et de stries de même couleur. (*Nous reviendrons sur cette élégante variété.*)

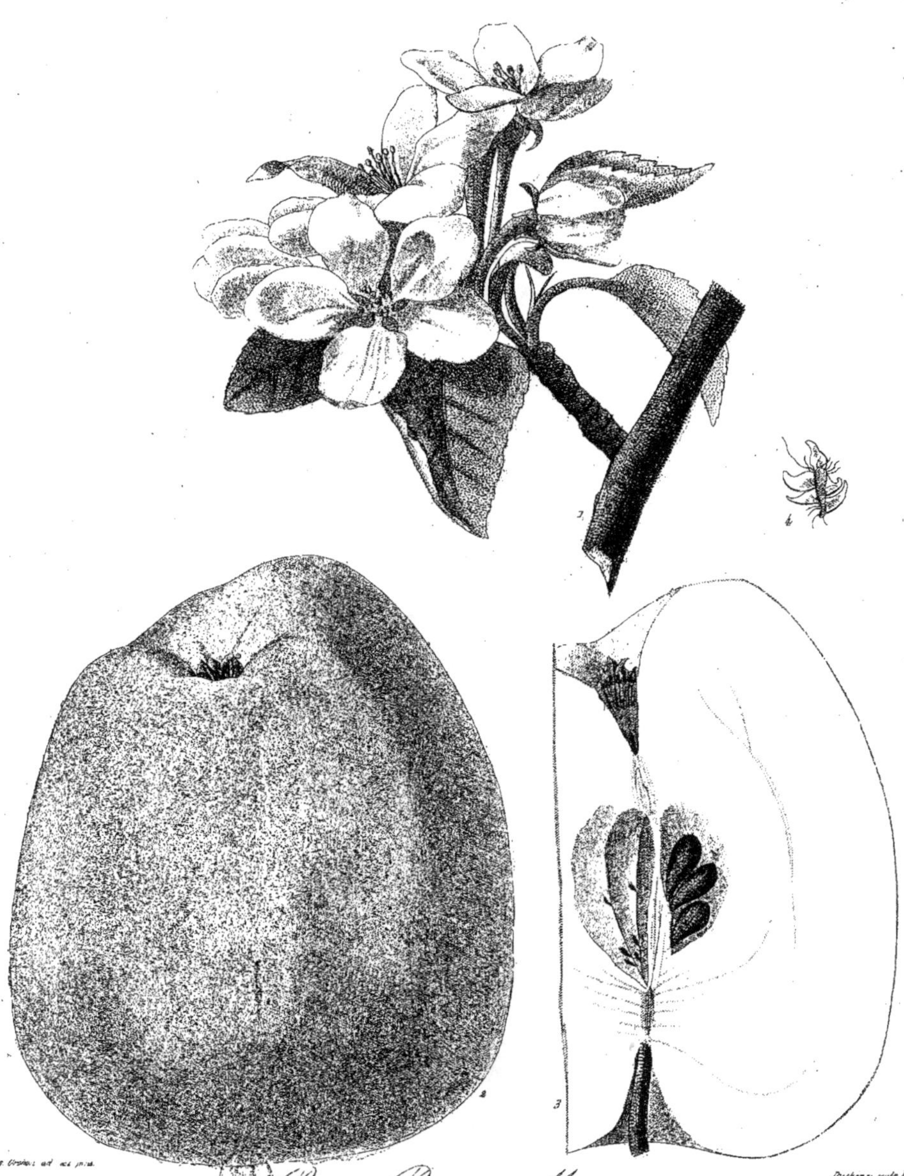

Aug. [illegible] ad nat. pinx. — Duchene sculp. lyon

Pomme Reinette Menoux
obtenue par Mr Rivière en 1844.

POMME REINETTE MENOUX.

Fruit irrégulièrement ovoïde, jaune doré, très gros, relevé d'une saillie sur l'un des côtés de son sommet, pointillé. Orifice du **TUBE DES SÉPALS** (*œil*) (1) couronné par leurs lames étroites et aiguës. **Chair** tendre, presque succulente, d'une douceur à peine acidulée et très agréable. **Carpes** (2) renfermant chacun trois à quatre graines, naissant au-dessus les unes des autres.

Ce fort beau et excellent fruit, ovoïdé, de 10 centimètres et demie de hauteur, sur 8 de diamètre, est remarquable par la saillie qu'il présente sur l'un des côtés de l'orifice de la rosette qui le couronne. Sa **Chair**, au lieu d'être extrêmement dure, cassante et très acidulée, comme celle des autres Reinettes, est tendre, douce, presque fondante, légèrement farineuse, et à peine acidulée. Les **Carpes** ou loges, qu'on observe à son centre, sont plus amples qne ceux des autres variétés; ils renferment de trois à quatre graines superposées, soit mûres, soit à l'état rudimentaire, tandis que, dans les autres, on n'en trouve que deux, partant presque à la même hauteur. Le **Tube des Sépals** (pelure) est plus mince et moins adhérent que dans les autres *Reinettes*. L'**Écorce** des branches de l'année précédente est d'un vert olivâtre et garnie de **Lenticelles** (3)

---

(1) Ce mot a une double signification pour les pépiniéristes; ils l'appliquent à l'enfoncement qui s'observe au sommet des fruits propres aux arbres à pepins, et qui constituent la famille des *Pomacées*, et, en outre, aux jeunes bourgeons à feuilles de tous les arbres fruitiers européens indistinctement.

(2) Chaque loge qui renferme les graines ou pepins.

(3) Ou pointillé que l'on retrouve sur l'écorce de presque tous les arbres.

blanchâtres, oblongues, tandis que celle de la *Reinette grise* est plus foncée. Les fleurs sont aussi plus grandes que celles des autres variétés.

Cet arbre, qui a un beau port, s'est trouvé, en 1836, dans les semis de M. G. RIVIÈRE (1). Depuis quatre années, il a toujours porté des fruits semblables. La vigueur qu'avait déjà ce jeune arbre, à sa seconde année, lorsqu'il fut vendu, avait engagé ce pépiniériste intelligent à se réserver de pouvoir en prendre des greffes, s'il produisait des fruits remarquables.

Ce beau fruit, dédié par la Société d'Horticulture pratique du Rhône à son président vénéré, a été présenté à cette Compagnie à la fin de 1845, et indiqué dans son Bulletin du 14 février, p. 37 (1846). Il est en parfaite maturité en février et mars, et il se conserve encore longtemps après. Il est alors tendre, succulent; sa peau se détache, et il est vraiment délicieux. M. RIVIÈRE peut en fournir des individus greffés sur *Pommier franc* et sur *Pommier paradis*. Ils portent fruit à la 2me ou 3me année de greffe. Ce laborieux pépiniériste en a obtenu, cette année, de jeunes individus provenant de semis, dont nous rendrons compte plus tard.

---

(1) Pépiniériste à Oullins, près Lyon.

EXPLICATION DE LA PLANCHE.

1. Fragment de rameau de fleurs.
2. Fruit de grandeur naturelle.
3. Portion de la coupe longitudinale de ce fruit, pour montrer la position et le nombre des graines.

Flor. et Pom. Lyonn. Janv. 184

Eug. Grobon ad nat. pinx. — Duchêne sc. Lyon

1 Rosalie 2 Bayard 3 Alexandre Billet.

Fugère imp. Lyon

1. OEILLET ROSALIE.

Pétals larges, roses, carminés par places, dentés, légèrement panachés de blanc.

2. OE. BAYARD.

Pétals à peine dentés, larges, rouge carminé, rubanés de pourpre foncée, avec quelques raies d'un blanc pur.

3. OE. ALEXANDRE BILLET.

Pétals aiguement dentés, à fond blanc, relevés de nombreuses lignes cerise, inégales, parallèles, occupant les deux tiers supérieurs de la longueur des lames.

Le genre *OEillet* (*Dianthus Linn.*) renferme un certain nombre d'espèces botaniques bien caractérisées, dont plusieurs, introduites depuis longtemps dans nos jardins, se sont beaucoup modifiées par les sols divers, les sites, les climats, les engrais, etc. L'une d'elles doit spécialement nous occuper en ce moment : c'est l'*OEillet giroflé* (1) ou *OE. des jardins*, *OE. des bouquets*, *OE. grenadin* (*Dianthus caryophyllus Linn.*). Cette espèce, spontanée dans le midi de l'Europe, est très voisine d'une autre, commune sur les coteaux secs de Lyon, l'*OEillet sylvestre* (*Dianthus sylvestris*). Voici

(1) Je pense qu'il faut écrire *giroflé* et non *giroflée*, car cette dénomination française lui aura être donnée à cause de l'odeur se rapprochant beaucoup plus de celle du Clou de girofle (Caryophyllus aromaticus) que de celle de la Giroflée de nos jardins (*Matthiola incarna*).

quelques caractères comparatifs de ces deux espèces, qui ont de grands rapports entre elles.

ŒILLET GIROFLÉ.	ŒILLET SYLVESTRE.
Feuilles larges, planes, flexibles, obtuses, couvertes d'une poussière glauque.	**Feuilles** canaliculées, étroites, fermes et très pointues, d'un vert glaucescent.
Fleurs très odorantes.	**Fleurs** inodores, plus petites dans toutes leurs parties.

Cette seconde espèce, quoique élégante, n'étant point odorante, n'aura pas été cultivée, tandis que l'*OEillet giroflé*, qui a dû varier en raison de la diversité des circonstances atmosphériques et terrestres, auxquelles son odeur suave et surtout la mode l'ont soumis, s'est considérablement multiplié.

Nous entrerons plus tard dans les divers moyens de propagations employés par les horticulteurs pour l'*OEillet giroflé ;* nous nous contenterons aujourd'hui d'indiquer ceux qu'a employés M. Dalmais, jardinier de notre excellent collègue M. Lacène. En 1835, cet horticulteur remarqua un Œillet ponctué (Bichon), qui fleurissait sans cesse. Il recueillit deux ou trois graines qu'il attribue au croisement d'un *OEillet St-Antoine* et d'un *Grenadin*. Les individus qui en naquirent furent eux-mêmes, en 1842, la source de quinze à vingt variations remontantes, qui, en 1843, donnèrent des graines. Celles-ci produisirent vingt-cinq à trente variations en rouge foncé et en violet. En 1844, elles ont donné des graines de variations nuancées. En 1845, M. Dalmais fit un nouveau semis d'environ trois cents de ces graines. Toutes ont produit des Œillets remontants. Des boutons se montrèrent en octobre, et c'est de là que vinrent les belles et élégantes variations qui ont paru aux Expositions de la Société d'Horticulture pratique du Rhône (1), et que M. Etienne Armand, d'Écully, a déjà mis dans le commerce. *(La suite à un autre numéro.)*

---

(1) Bull. Soc. Hort. prat. Rhôn. 1846, p. 54, etc.

Flor. et Pom. Lyonn. Février 1847

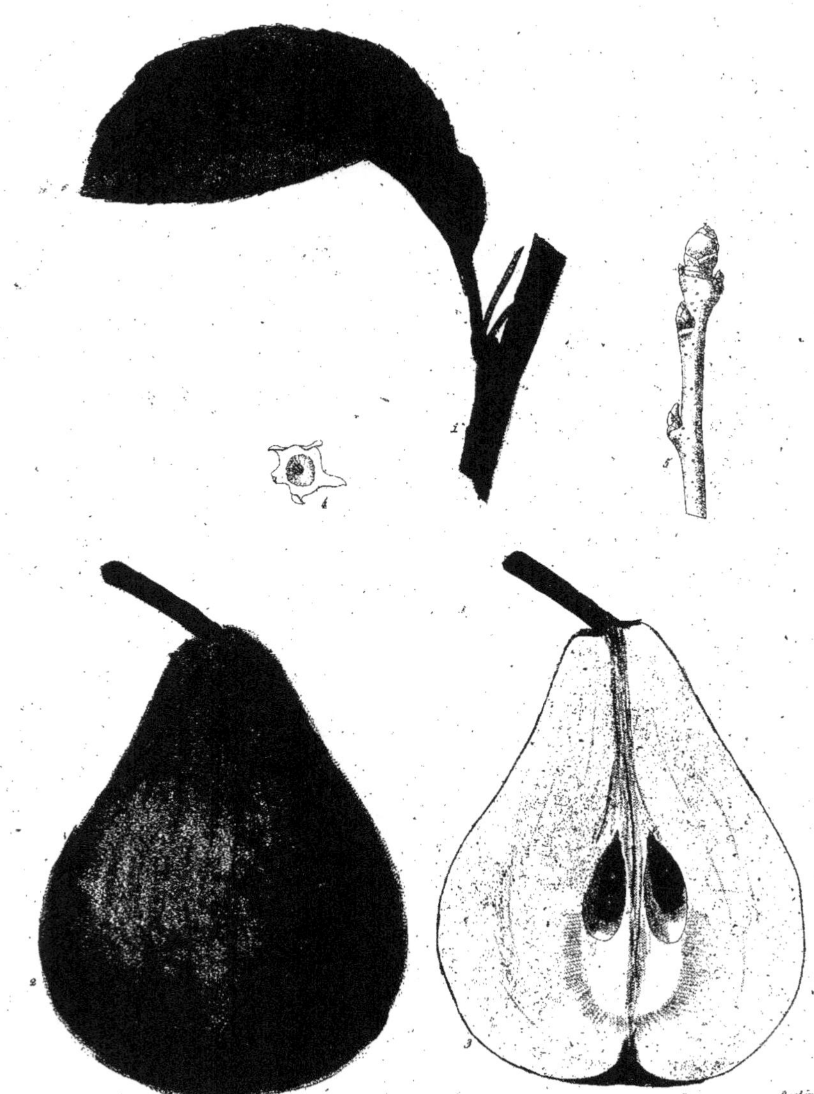

Eug. Grobon ad nat. pinx.

Duchêne sculp. Lyon

Poire Beurrée de la Glacière
obtenue chez Mr. Rivière en 1841.

POIRE BEURRÉ DE LA GLACIÈRE. (G. Riv.)

Pyrus butyracea glacialis.

Rameaux terminaux gros, épais, chocolat-clair, peu luisants, garnis de lenticelles (1) ovales-circulaires, grisâtres et nombreuses. Bourrelets des **Bourgeons à feuilles** médiocrement saillants, portant au-dessous de chacun d'eux une cicatrice elliptique oblongue, due à la chute d'autant de feuilles. **Bourgeons à fleurs** de moyenne grosseur (en automne), ovoïdes-obtus, à écailles brunes. **Feuilles** ovales, fermes, assez rapprochées, un peu arquées en dessous, acuminées, à dents assez serrées et presque égales; à fibres peu saillantes sur les deux faces. Pétiole cylindroïde, à peine déprimé, non canaliculé; stipules linéaires, aiguës, plus longues que le pétiole, presque réduites à leur dorsale. **Fruit** assez allongé, élégant de forme, de couleur, et d'une odeur très agréable; long de 80 millim., large de 60, pesant 118 à 124 grammes; à peau mince, presque lisse, à fond jaune tendre, sablé de taches grisâtres. **Pédicelle** (queue) oblique, un peu charnu à la surface, roux-brun, assez gros, et de 20 millim. de longueur. **Orifice du tube des sépals** (œil) dilaté, peu enfoncé,

---

(1) Petits points, ressemblant à des cicatrices, qui produisent de fines mouchetures sur l'écorce des jeunes rameaux. Ils ont acquis leur longueur la première année de l'existence du rameau, mais ils s'élargissent avec les années de manière à produire à la longue de petites lignes transversales, à mesure que les couches de bois successivement développées, distendent l'écorce. La forme des lenticelles est à étudier sous le point de vue de la distinction des variétés.

couronné par des lames un peu réfléchies sur les bords, et irrégulièrement déjetées. **Chair** *extrêmement fondante, d'une saveur exquise.* **Graines** (pepins) naissant à la moitié de la longueur du fruit, tandis que dans le *Beurré Duchesse de Prusse* elles partent bien plus bas; les loges qui les contiennent sont petites, tandis que dans le *Beurré de la Glacière* elles sont bien plus grandes qu'il ne faut pour les contenir.

Cette précieuse poire, dont l'arbre produit des fruits abondants, est plus allongée que les beurrés ordinaires, d'une forme plus élégante, très agréablement parfumée, et d'une succulence extrême. C'est l'un des meilleurs fruits que nous possédions. Elle a été obtenue par M. G. Rivière, d'un semis fait en 1837, à Oullins, près Lyon. Cet habile pépiniériste la croit une hybride du *Beurré-aurore* ou *Capiaumont* et du *Beurré gris.* Elle a été présentée à l'Exposition de la *Société d'Horticulture pratique du Rhône* (en septembre 1844), cat. p. 25, n° 29, sous le nom de *Poire de la Glacière* (semis).

EXPLICATION DE LA PLANCHE.

1. Portion de rameau pris en automne, et portant une feuille accompagnée d'étroites stipules qui dépassent la longueur du pétiole.
2. Fruit de grandeur naturelle.
3. Coupe longitudinale du fruit, dont la peau est très mince.
4. Orifice du tube, couronné par la partie libre des cinq sépals.
5. Rameau latéral (pris en automne), garni de bourgeons, dont un terminal, plus gros que les autres, est un bourgeon à fleurs (à fruits); les autres sont à feuilles (à bois).

Flor. et Pom. Lyonn. Févr. 1867

Eug. Grobon aîné pinx. — Duchêne sculp. Lyon

Phlox, surprise Nérard.

PHLOX SURPRISE (Nérard). (1)

Phlox glaberrima (Linn.). *Variation.*

Tiges et **Rameaux** floraux cylindroïdes, ponctués de rouge brun, portant quelques poils distants, courts et horizontaux. **Feuilles** ovales-lancéolées, pointues, brillantes, épaisses, à peine rudes sur les bords, et dont les fibres gagnent la circonférence de la lame sans former de festons dans son tissu. **Fleurs** grandes, à fond blanc, disposées en panicule presque globuleuse ou un peu allongée. **LAMES DES PÉTALS** très larges, élégamment lavées de rose-lilas, plus courtes que le tube, se recouvrant dans leur moitié inférieure; dorsale un peu enfoncée, et bords légèrement infléchis.

Cette élégante plante est le résultat de semis, souvent répétés, de notre collègue M. Nérard aîné (2), auquel nous devons de nombreuses et belles variations de plantes d'ornement. Celle-ci a fleuri chez lui en 1846, et c'est sur un individu de ses cultures qu'a été fait le dessin que nous publions. Cet habile horticulteur l'attribue au *Phlox alba kermesina* et au *grandiflora*. Le numéro de décembre 1846 du *Bulletin de la Société d'Horticulture pratique du Rhône*, l'a déjà fait connaître, p. 221. Cette belle variation a été acquise par M. E. Armand, d'Ecully.

---

(1) Nous remarquerons, à cette occasion, qu'on ne doit pas lire ce nom comme les horticulteurs le font ordinairement, *Surprise Nérard*, il faut dire : *Phlox surprise*, car M. Nérard est la personne qui lui a donné ce nom ; comme nous disons en botanique *Phlox glaberrima* (Linné).

(2) Pépiniériste et fleuriste, à Vaise (faubourg de Lyon).

Tous les *Phlox* sont d'une culture facile. Une terre mêlée d'engrais très décomposés, ou du terreau de feuilles, leur convient parfaitement, surtout si le sous-sol est sec. Ils se multiplient facilement par éclats ou par boutures.

C'est à deux espèces botaniques de *Phlox*, bien tranchées, qui me semblent n'avoir pas encore été suffisamment caractérisées, et à leur extrême variabilité dans leurs couleurs, que sont dues les nombreuses et riches modifications qui ornent très fréquemment nos jardins (1). Voici les caractères comparatifs de ces espèces :

PHLOX ACUMINÉ.	**PHLOX TRÈS CHAUVE.**
PHLOX ACUMINATA (Pursh.).	PHLOX GLABERRIMA (Linn.).
Fleurs en panicule large, très rameuse, courtement pyramidale.	**Fleurs** en panicule presque spérique ou cylindroïde.
Feuilles ovales acuminées, ternes, assez fermes, à fibres réunies en feston près la circonférence; bords ciliés-denticulés.	**Feuilles** oblongues pointues, luisantes, très fermes, à fibres atteignant les bords sans former de feston, mais formant un réseau fin.
Lames des sépals longuement prolongées en alène, aussi grandes que le tube.	**Lames des sépals** ovales courtement acuminées, égalant environ la moitié du tube.

La première de ces espèces prend un développement souvent plus que double du *P. très chauve*. C'est à cette dernière, et comme variation, que se rapporte le *Phlox surprise*. (*Nous reviendrons occasionnellement sur les espèces de ce beau genre et sur leur synonymie*.)

---

(1) Quelques autres espèces sont bien distinctes. Ce sont les *Phlox Drumond* (*P. Drumondi*), *P. rampant* (*P. reptans*), *P. en alène* (*P. subulata*), *P. couché* (*P. procumbens*), *P. sétacé* (*P. setacea*), etc.

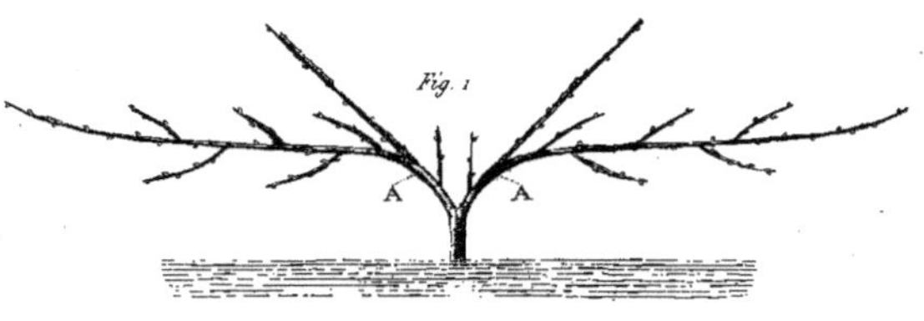

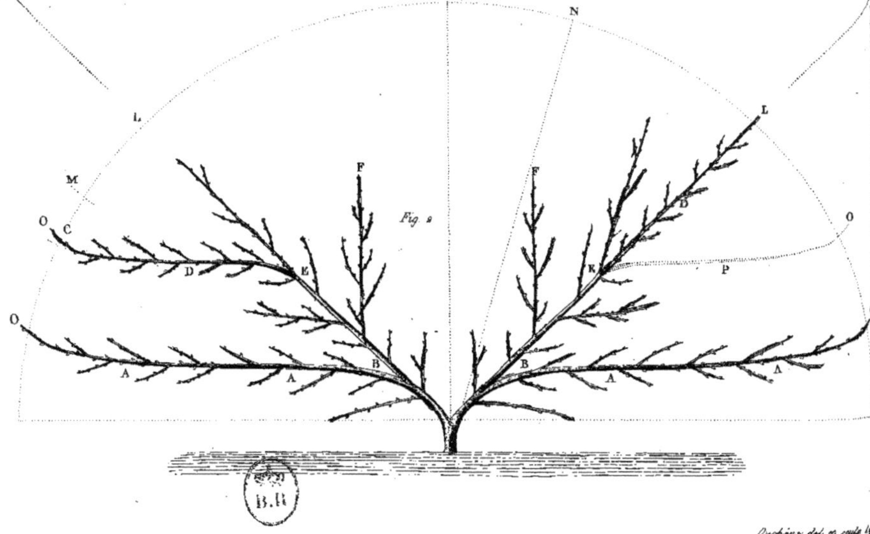

Duchêne del. et sculp. Lyon

Nouvelle taille du Pêcher. (Luizet)

Nouvelle manière de tailler et d'élever un Pêcher en espalier et de forme carrée.

Dans ce court exposé, je ne m'occuperai que de la taille du Pêcher en espalier et de forme carrée, à partir de la plantation. Je ne parlerai pas des préparations du terrain, ni du choix des arbres à planter. Déjà j'ai traité cette matière dans une précédente notice.

Le but que je me propose est d'abréger les opérations de la taille et du pincement; de vaincre toutes les difficultés de ces opérations, qui ne peuvent être franchies que par des hommes très versés dans l'art de la taille et sans cesse occupés de leurs arbres.

Voici comment je procède :

Après avoir planté un Pêcher en espalier, je le coupe à quarante ou cinquante centimètres au-dessus de la greffe, suivant que les bourgeons sont plus ou moins bien placés. Je ne laisse pousser que deux branches, dont une de chaque côté, AA (fig. 1re); je fais en sorte qu'elles croissent autant égales que possible, et je les palissade sur des angles de 45 degrés LL (fig. 2). Si l'une devient plus forte que l'autre, je la pince, c'est-à-dire que je supprime une partie de son extrémité herbacée; je l'abaisse au-dessous de l'angle L sur le point M, et je relève la plus faible sur le point plus vertical N, afin de lui faire prendre plus de force. Aussitôt que l'équilibre est rétabli, je les repalissade en LL, comme je l'ai indiqué.

Lorsque arrive la fin de septembre, époque où la végétation est à peu près terminée, je courbe ces deux branches-mères et je les abaisse bien délicatement sur les lignes horizontales AA,AA. De cette manière, je change, la première année, mes branches-mères, dirigées d'abord sur les points LL, en branches sous-mères inférieures.

Afin de remplacer les branches-mères que j'ai transformées en sous-mères, je prends, la deuxième année, de petits membres BB sur la courbe des petits membres (ce que l'on trouve toujours facilement); je les dirige sur la ligne de 45 degrés LL, et s'ils prenaient trop d'accroissement, je les pincerais afin de favoriser autant que possible le développement des sous-mères inférieures.

La troisième année, je laisse pousser, autant qu'elles le veulent, les deux branches-mères DD, dirigées en LL, et lorsque la végétation s'arrête, j'opère encore comme précédemment, c'est-à-dire que je les courbe doucement et parallèlement aux premiers membres de dessous. (Voyez la branche D, aile droite du Pêcher, qui occupe en C la place qui lui est assignée, et la branche D, aile gauche, qui doit être baissée sur la ligne de ponctuation P.)

Pour continuer la branche-mère en LL, je prends un sous-bourgeon en E, je le dirige comme l'année précédente, et ainsi de suite.

Les deux petits membres verticaux FF, placés sur la branche-mère, sont toujours disposés à prendre trop de développement; mais, comme il est d'une nécessité absolue qu'ils soient plus faibles que les membres inférieurs afin de conserver l'équilibre de l'arbre, je les pince à plusieurs reprises, ou je leur fais subir d'autres opérations, que l'on ne peut démontrer qu'en présence de l'arbre (1).

La taille des branches à fruit est la même que celle des Pêchers conduits sous une autre forme; il en est de même des palissages.

L'expérience m'a appris que, lorsqu'un Pêcher est vigoureux, l'on peut, sans inconvénient, ne pas tailler les extrémités des branches-mères secondaires et tertiaires, pendant les deux ou trois premières années de la plantation, excepté le cas où l'on serait obligé de les équilibrer entre elles; j'ai soin de relever un peu l'extrémité de toutes les branches horizontales, afin de leur donner plus de force; je porte donc ces extrémités sur les points OO,OO.

---

(1) Je démontrerai ces opérations aux visiteurs les dimanches après midi.

La figure 1re représente un Pêcher de deuxième année, et la figure 2e en représente un plus âgé.

J'ai la persuasion que cette méthode sera facile pour l'homme qui n'est pas bien exercé à la taille du Pêcher. D'ailleurs, la forme que j'indique est très gracieuse, et l'arbre aussi fécond que s'il était élevé d'après les anciennes manières. Je puis en montrer un exemple dans mon établissement. L'arbre qui est ici figuré a été dessiné sur lui.

Je reviens encore à ce que j'ai si souvent répété : Amateurs, mettez la main à l'œuvre ! taillez quelques-uns de vos arbres ! ce sera pour vous un amusement ; c'est à vous qu'il appartient, avec les théories des Butret, des Dalbret, des Lepaire, etc., de reconnaître les mutilations que quelques jardiniers font mal à propos subir à vos arbres.

LUIZET.

Greffe de Bourgeons à fleurs.

(Extrait du Bulletin de la Société d'Horticulture pratique du Rhône.)

Je m'occupe sans cesse du soin de donner la forme et l'élégance à mes arbres, je cherche surtout à aider leur fertilité et à l'accélérer ; mais, malgré tous mes efforts, quelques-uns d'entre eux restent stériles, et ce sont toujours les plus forts et les plus vigoureux. Je veux parler de ces individus greffés sur franc, et de ceux qui se transforment en franc de pied, lorsque leur greffe est recouverte longtemps par le sol.

Je viens aujourd'hui faire part d'une idée que je crois bonne, et que j'espère exécuter dès que le moment favorable se présentera : j'ai pensé que, puisqu'il est facile de changer la nature sauvage des arbres qui s'élèvent et poussent d'eux-mêmes, il est aussi facile de changer celle des arbres vigoureux que je viens de citer, et, pour y parvenir, voici les moyens que je propose :

Vers le commencement de la deuxième quinzaine d'août, les bourgeons à fruits des *Poiriers* et des *Pommiers* se distinguent facilement de ceux à bois. Eh bien! l'on peut, à cette époque ou environ, greffer en écusson des bourgeons à fruit. L'expérience apprendra la manière de les enlever sans danger d'un arbre que l'on veut sacrifier, ou de celui qui en porte trop; on choisira, sur les arbres vigoureux cités plus haut, les fortes branches d'un an et celles de deux ans; on posera, sur ces branches, et en écusson, des bourgeons à fruits; ils s'y colleront avec autant de facilité que ceux à bois, et ce qui me le prouve, c'est qu'il m'est souvent arrivé qu'en greffant en pépinière sur coignassier, j'ai placé, par mégarde, des bourgeons à fruit, croyant y placer des bourgeons à bois; ces premiers, quoique déposés presque rez-terre, et, par conséquent, exposés à une humidité constante, n'en ont pas moins fleuri et donné des fruits. Il est donc probable que, posés plus avantageusement, ils fleuriront encore mieux et fructifieront davantage. Si ce moyen réussit comme je l'espère, il sera une ressource précieuse pour l'amateur qui ne possède qu'un jardin d'une petite étendue, et, par cette raison, qu'un petit nombre d'arbres. Quelle satisfaction pour lui que de faire porter à un arbre infertile, la variété de fruit qu'il désire, et de varier et satisfaire ses goûts autant de fois qu'il lui plaira !

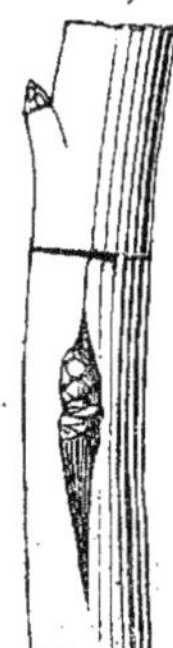

Cette idée paraîtra peut-être hasardée, attendu qu'aucun de nos savants pomologistes n'en a fait mention; j'en conviens; mais qu'il me soit permis de dire ici que les choses les plus simples échappent aux hommes les plus savants, et vont sortir d'une intelligence médiocre. Laissons de côté les intelligences, et disons : Le moyen peut se tenter; et comme il peut réussir, je le conseille à mes confrères, et je le recommande à MM. les amateurs.

LUIZET.

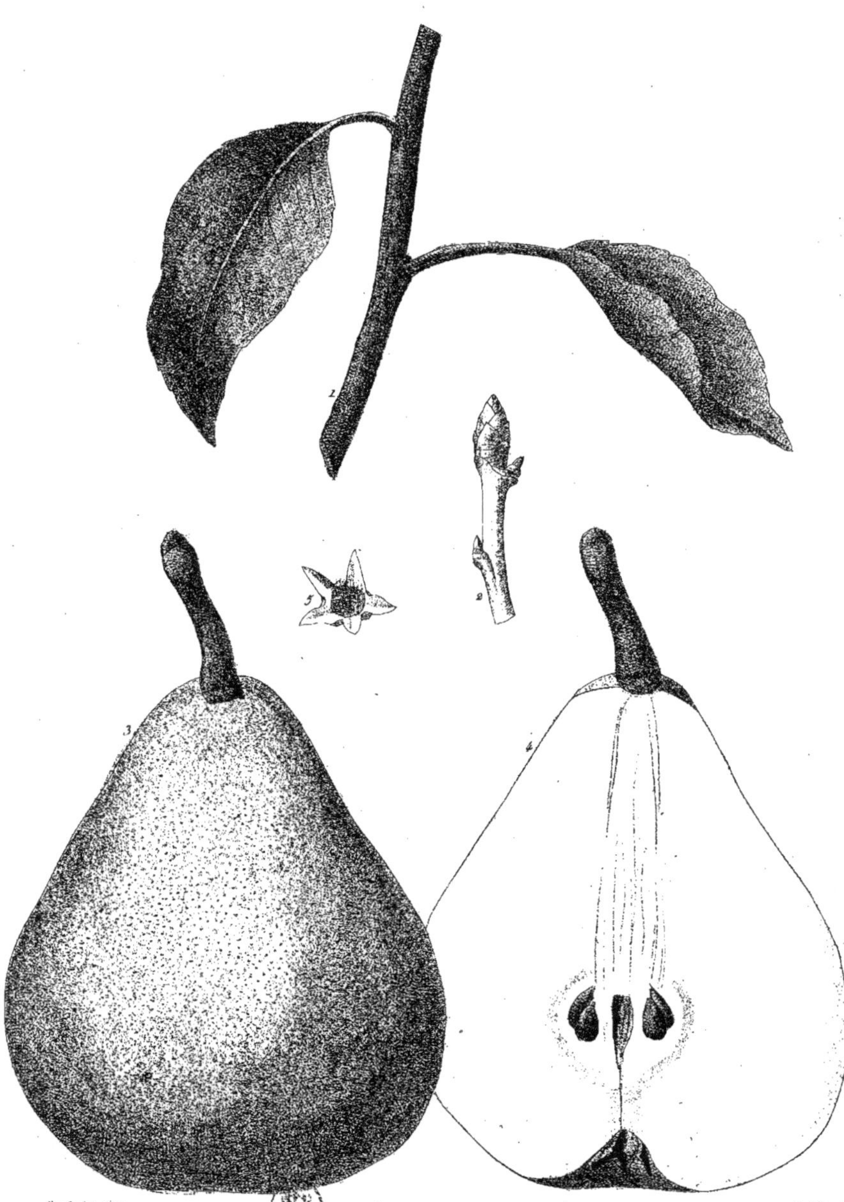

Aug Grahm pinx. — Duchêne lith.

Poire Duchesse de Prusse.

Imp. par Fugère

POIRE DUCHESSE DE PRUSSE. (Et. Arm.)

Rameaux de l'année couleur chocolat, à peine garnis de quelques lenticelles très distantes, fort petites et presque circulaires, portant, autour de la naissance des bourgeons, quelques poils épars. **Feuilles** peu nombreuses, à lames ovales, acuminées, presque entières, à fibration non saillante, excepté la dorsale qui est en relief sur la face inférieure; très longuement pétiolées, surtout les inférieures. Pétiole canaliculé, de longueur variable, à peine stipulé, garni de petites protubérances noires, en forme d'aiguillons, du côté de la face aplatie. **Bourgeons** à feuilles (à bois) coniques, pointus, cendrés; ceux à fleurs (à fruit) trois fois plus gros; écailles larges, épaisses, cendrées, mucronées et ciliées. **Fruit** de moyenne grandeur, sans odeur, bien régulièrement en poire, de 90 millimètres de long sur 63 de diamètre dans sa plus grosse dimension, du poids de 200 grammes, d'un jaune vert tendre, pointillé de nombreuses petites dépressions d'un brun rougeâtre, qui, vues à la loupe, sont légèrement auréolées, à peine teint de rouge du côté du soleil. **Pédicelle** (queue) fort, long de 3 centimètres, un peu oblique, d'un vert brunâtre, un peu renflé à sa base et à son sommet. **Orifice du tube** (œil) enfoncé, couronné des 5 lames des sépals semblables, bien formées, aiguës, divergentes en étoile, un peu infléchies sur leurs bords.

On dit cette espèce très bonne. Sa peau (tube des sépals), qui est très mince, nous la fait soupçonner devoir être rangée parmi les beurrés. Elle a été présen-

tée, un peu avant sa parfaite maturité, en 1844, à l'exposition de la *Société d'horticulture pratique du Rhône*, par M. ARMAND (Etienne), sous le n° 19 (cat. exp. 1844, p. 31).

EXPLICATION DE LA PLANCHE.

1. Rameau de feuilles sans stipules (pris en automne); il est présumable que des jets plus vigoureux en présenteront. — 2. Bourgeons à feuilles placés latéralement, et bourgeon à fleur au sommet. — 3. Fruit de grandeur naturelle. — 4. Coupe longitudinale du fruit, présentant la couleur de la chair, le peu d'épaisseur de la peau, la position et la forme des graines (pepins). — Orifice du tube couronné par les lames des 5 sépals, régulières et bien conservées.

Genre **Poirier.** — **Pyrus.** (TOURN.)

LINNÉ avait cru devoir réunir sous un même genre les *Poires* et les *Pommes*, que tous ses prédécesseurs avaient séparées, et que, dans l'usage ordinaire, on distingue dans toutes les langues. Ces deux genres sont réellement différents, et, en outre, ne deviendrait-il pas très ridicule, dans le langage botanique, de dire *Poire pomme-reinette*, *Poire pomme-d'api*. Quand il faudrait ensuite désigner des variétés, nous aurions une suite de noms qui rétabliraient complètement l'ancienne nomenclature, inadmissible depuis le beau travail du grand botaniste de la Suède. Si, au contraire, nous pouvons parvenir à élever au rang d'espèce la série de *Poires beurrés*, une autre série de *Raisin Muscat*, de *Pomme reinette*, nous établirons facilement des variétés ou des variations. Nous savons d'ailleurs que les bonnes espèces jardinières ne peuvent avoir la même importance que les espèces botaniques. Au point où en est l'horticulture, nous ne pouvons plus faire autrement. Mais voyons d'abord s'il sera possible de trouver des caractères assez élevés pour rétablir les deux genres *Poirier* et *Pommier* des anciens, que l'opinion un peu arbitraire d'un grand homme a suffi pour réunir pendant près d'un siècle. *(La suite à un autre Numéro.)*

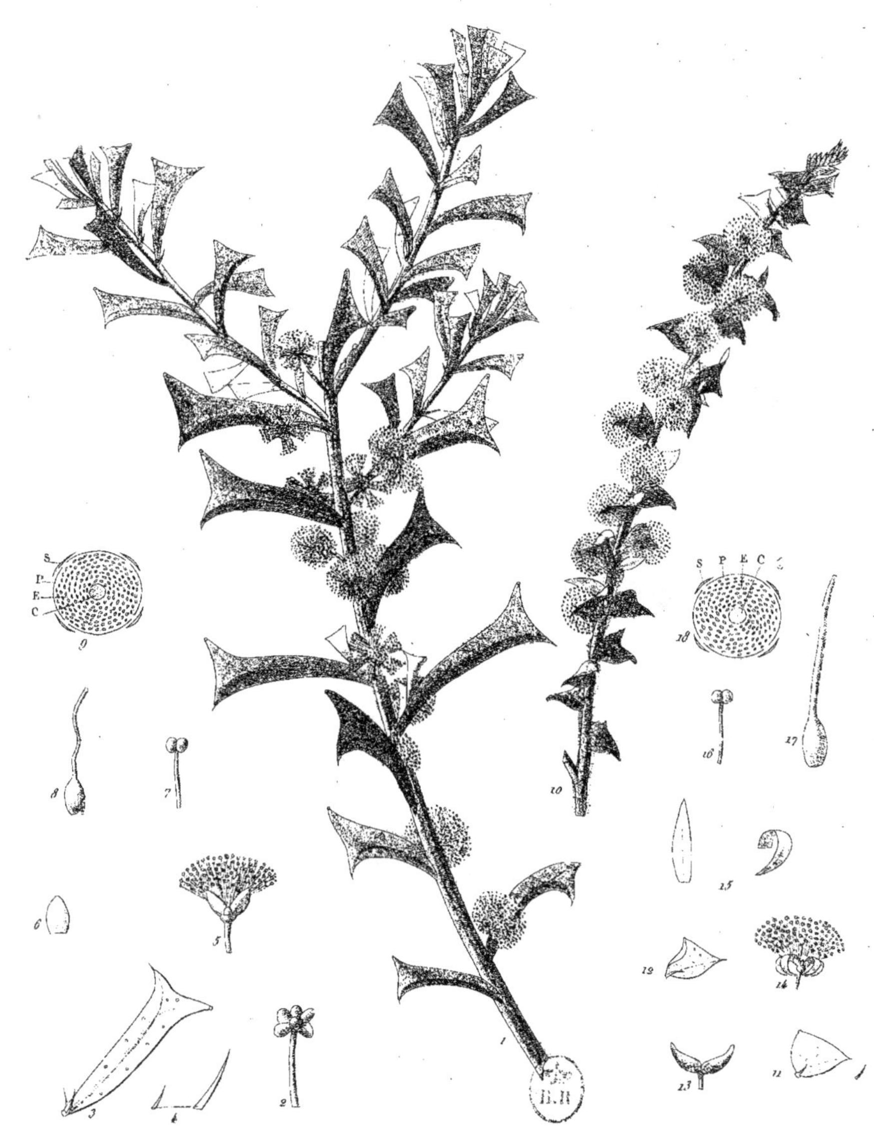

Eug. Grobon pinx.

Duchêne anat. del. et sculp.

1-9. Acacie cunéiforme. 10-18. Acacie hastulée.

Imp. par Béjare.

ACACIE CUNÉIFORME.

Acacia cuneiformis. (Sering.)

Arbrisseau entièrement chauve, élancé, vigoureux, à *rameaux* ascendants, striés, luisants dans leur jeunesse. **Feuilles** (1) oblongues, en coin, simples, réduites à leur pétiole dilaté au sommet en deux angles aigus, presque égaux, longues de 1 $^1/_2$ à 2 $^1/_2$ centim., parsemées de points glanduleux demi-transparents. Dorsale divisant la lame en deux parties égales et se ramifiant, près du sommet, en deux branches qui vont se terminer à la pointe des lobes; bords comme cartilagineux. **Stipules** linéaires, aiguës, placées parallèlement à la

(1) Un grand nombre d'*Acacies* n'a que peu de feuilles composées, et alors elles succèdent aux cotyles ou cotylédons. Toutes les autres sont réduites à leur pétiole, dont les bords se dilatent en deux lamelles, qui sont séparées par une dorsale (fibre centrale) qui, le plus souvent, ne se trouve pas au milieu de la lame. Quelquefois cette fibre se ramifie dès la base et produit un nombre plus ou moins grand de petites fibres parallèles. Ces feuilles, réduites à leur pétiole dilaté ou *phyllodie* des botanistes, fournissent de bons caractères distinctifs d'espèces. Tant que les feuilles des *Acacies* portent des folioles, la lame pétiolaire offre, comme les feuilles simples, une face au soleil et l'autre dans l'ombre; mais aussitôt que les folioles ne se développent plus, un bord est en haut et l'autre en bas; conséquemment les faces sont latérales.

Ces Acacies, presque toutes originaires de la Nouvelle-Hollande, constituent la 1re section de A. P. de Candolle, prodr. 2, p. 448 (1825); il les a désignées sous la dénomination de Phyllodinées, et Wendland, dissertation (1820), sous celle de Acacies aphylles, ou plutôt sans folioles. Les espèces de ce groupe sont déjà très répandues dans nos jardins où nous les multiplions facilement de boutures. Les singulières feuilles des espèces de l'Australasie ne sont pas toutes alternes, il en est un petit nombre qui sont disposées en anneau (verticillées). Cette disposition singulière n'a pas encore été bien étudiée.

dorsale. **Fleurs** jaunes, très petites, agglomérées, 5-8 ensemble en une tête sphérique. **Pédoncule** atteignant à peine le tiers de la feuille. **Sépals**, 4 à 5, extrêmement petits, unis par leur base. **Pétals** libres entre eux, ovales, obtus, concaves, ascendants, moitié moins longs que les étamines. **Anthères** formées de deux sacs sphériques, adossés. **Style** flexueux.

Cultivée de graines provenant de la Nouvelle-Hollande, nous n'avons trouvé, dans les espèces reproduites par WALPERS *(Repertorium botanices systematicæ*, ou *Répertoire botanique systématique)*, aucune description qui puisse convenir à celle que nous figurons ici. Elle a été rapportée d'Angleterre, l'année dernière, par M. Et. ARMAND. C'est une plante d'un vert fort gai et qui a fleuri cet hiver. (V. v. comm. par M. Et. ARMAND.)

EXPLICATION DE LA PLANCHE. *Acacie cunéiforme*. Fig. de 1 à 10.

1. Rameau fleuri, de grandeur naturelle. — 2. Tête de boutons et leur pédoncule, à peine grossis. — 3. Feuille de grandeur naturelle et ses stipules. — 4. Deux stipules, dont celle de droite grossie. — 5. Fleur un peu plus grande que nature. — 6. Un pétal un peu grossi. — 7. Etamine. — 8. Carpel. — 9. Coupe transversale de la fleur. S. sépals. P. pétals. E. étamine. C. carpel.

NOTE SUR LA FAMILLE DES **MIMOSACÉES**.

L'ancienne famille les LÉGUMINEUSES a été divisée, depuis peu d'années, en sous-familles, et les caractères tranchés que quelques-unes d'entre elles présentent, forcent déjà à en élever plusieurs au rang de famille. Celle du groupe des MIMOSÉES des auteurs se trouve dans ce cas. Les différences en sont si grandes, qu'il est impossible de les laisser parmi les PAPILIONACÉES. Nous ne donnerons, pour le moment, que les caractères les plus saillants qui les distinguent, et ils sont si tranchés, que ces familles ne peuvent rester l'une à côté de l'autre.

(La suite au verso suivant.)

ACACIE HASTULÉE. (1)

Acacia hastulata. (SMITH.)

Élégant petit arbrisseau, à *fleurs blanches et odorantes.* **Rameaux** ascendants, peu profondément striés, garnis de poils étalés et fermes. **Feuilles** irrégulièrement triangulaires, naissant d'un renflement glanduleux sphérique, munies de quelques gros points glanduleux demi-transparents irrégulièrement disposés; dorsale presque droite, longeant le bord inférieur de la feuille, et se terminant par une pointe ferme, aiguë et piquante. *Lamelle inférieure oblongue, aiguë, petite, tandis que la supérieure est triangulaire;* son bord supérieur est *ondulé*, et l'angle est terminé par une *glande sessile.* Stipules linéaires, aiguës, raides. **Fleurs** *blanches, très agréablement odorantes*, réunies 2 à 3 au sommet d'un pédoncule court. **Sépals** à peine visibles. **Pétals** oblongs, obtus, recourbés. **Anthères** à loges sphéroïdales. **Style** long et droit, surmontant un carpe ovoïde.

Habite les bords du canal du roi Georges (Nouvelle-Hollande), d'où elle a été envoyée par M. MENZIES, en 1844, et, plus tard, par M. FRASER. (V. v. comm. par M. Et. ARMAND.)

Cette jolie espèce, rapportée également de Londres par notre collègue Et. ARMAND, en 1846, a d'abord été regardée comme nouvelle, mais nous avons acquis la certitude qu'elle a déjà été nommée et décrite par SMITH. Nous en avons indiqué les principaux caractères, étudiés sur le vivant.

---

(1) En petit fer de lance ou de hallebarde.

NOMENCLATURE. — *Acacia hastulata*, Smith, dans Rees cycloped. suppl. A. P. de Cand., prodr. 2, p. 449, n° 4 (1825), qui en avait eu un exemplaire sans fleurs; botanical magazin, pl. 3341; flor. serr. et jard. angl. 2, p. 93, pl. 22, fig. 3 (1835); mais les fleurs ont été figurées jaunes dans cette reproduction de l'ouvrage anglais, tandis qu'elles sont blanches. Les feuilles n'y sont pas non plus bien dessinées.

EXPLICATION DE LA PLANCHE. *Acacie hastulée*, du n° 10 à 18.

10. Rameau fleuri, de grandeur naturelle. — 11. Feuille aplatie. — 12. Autre feuille dont le bord supérieur présente une ondulation. — 13. Deux boutons au sommet d'un pédoncule. — 14. Fleur complète, avec ses pétals réfléchis. — 15. Deux de ces pétals, l'un droit et l'autre réfléchi. — 16. Une étamine. — 17. Son carpel. — 18. Coupe transversale d'une fleur; en S. les sépals, en P. les pétals, en E. un grand nombre d'étamines, et C. le carpel.

MIMOSACÉES.	PAPILIONACÉES (1).
Feuilles simplement ou plusieurs fois pennées, réduites à leur pétiole dilaté dans quelques Acacies ; alors elles présentent des feuilles à lames dont les faces sont latérales (comme les deux espèces que nous figurons).	**Feuilles** simplement pennées ou palmées, à stipules ordinairement adhérentes au pétiole.
Fleurs régulières.	**Fleurs** irrégulières.
Sépals bord à bord, unis inférieurement, et très réguliers.	**Sépals** très irréguliers par la forme de leur tube et de leurs lames, qui sont très diversement unies.
Pétals semblables très régulièrement bord à bord.	**Pétals** cinq, dont trois bord sur bord, le supérieur plus extérieur, les deux inférieurs bord à bord inférieurement, tandis que les bords supérieurs sont cachés sous les pétals latéraux.
Étamines libres ou en faisceaux réguliers, non adhérentes au tube des sépals, le plus souvent en nombre indéfini.	**Étamines** unies irrégulièrement et formant un tube entier ou fendu, qui entoure le carpel, souvent adhérentes d'une manière plus ou moins tranchée au tube, au nombre de dix.
Embryon droit. — Premier bourgeon invisible entre les cotyles dans la graine à la germination.	**Embryon** courbé. – Premier bourgeon, visible dans la graine, entre les cotyles (cotylédons), longtemps avant la maturité complète.

(1) Les anciennes légumineuses européennes.

Eug. Grobon pinx.

Duchêne anal. del. et sculp.

Viorne tin à grandes fleurs.

VIORNE TIN A GRANDES FLEURS.

Viburnum Tinus lucidum. (AIT.)

VARIAT. GRANDIFLORUM.

Feuilles *chauves*, *luisantes* sur les faces (ternes et velues dans la variété hérissée ou commune), imitant, sur les rameaux vigoureux, celles du *Laurier d'Apollon*. **Corymbe** très fourni de grandes fleurs, qui, lors du développement complet, se touchent toutes. **Boutons** d'un rose tendre, lorsque la plante est tenue dans un lieu très éclairé, blancs lorsqu'ils sont étiolés (d'un blanc sale et vineux dans la variété hérissée). **Bractéoles** et **lames** des **sépals** une fois plus longs, obtus. **Pédoncules** et **Pédicelles** relevés d'aspérités marquées et d'un joli rouge. **Pétals** orbiculaires, légèrement inégaux entre eux, épais, se recouvrant par leur bord, et d'un beau blanc pur, de 15 millim. de diamètre dans leur ensemble (d'un blanc vineux en dessous dans la variété commune). **Anthères** d'un joli jaune pâle (d'un jaunâtre livide dans l'autre).

Cette variété, beaucoup plus belle que les deux autres (*V. Tin hérissé*, et *V. Tin effilé*), mérite à tous égards la préférence. Elle a été bien décrite par MILLER (1), qui la considérait comme espèce, et qui la désignait sous la dénomination de *Viorne luisant (Viburnum lucidum)*. Elle a été très anciennement cultivée, mais comme elle a besoin d'une température plus égale que les deux autres pour fleurir, elle

(1) The Gardener's dictionary. Cet excellent ouvrage a eu neuf éditions anglaises et une française, sous le titre de Dictionnaire des jardiniers. *Paris*, 1785, 8 vol. in-4°.

a été en partie abandonnée. Cette variété présente deux légères modifications ou variations. Celle que nous figurons est un peu plus élancée que celle qu'on trouve dans le Midi ; elle est plus vigoureuse, a des fleurs plus grandes ; leurs bractéoles, un peu plus longues, n'atteignent cependant pas, avant l'épanouissement des pétals, le sommet du tube qui est plus long et un peu plus gros ; leurs lames sont plus obtuses que celles de la variation du Midi et les pédicelles plus garnis de houpes de poils raides, courts et étalés ; ses feuilles sont moins entassées, sont un peu ondulées ; en un mot, la plante est plus robuste et réellement plus belle. Nous la recommandons aux amateurs de fleurs précoces. On peut facilement la forcer dans les serres tempérées (fl. en février et mars), et elle se multiplie facilement de bouture. L'autre variation est l'état ordinaire du Laurier Thin luisant du Midi.

Cette très belle variation a été propagée à Lyon par MM. Velay et Paillard (de St-Genis), et nous l'avons vue chez MM. Et. Armand, Colomb (amateur), Commarmot, Couzançat, Fort. Willermoz, Liabaud (horticulteurs lyonnais).

EXPLICATION DE LA PLANCHE.

Viorne Tin à grandes fleurs. Fig. de 1 à 6.

1. Rameau fleuri. — 2. Le même en bouton. — 3. Un bouton grossi. — 4. Bractéoles. — 5. Sépals. — 6. Etamine.

Viorne Tin luisant du Midi. Fig. de 7 à 10.

7. Bouton. — 8. Bractéoles. — 9. Sépals. — 10. Etamines.

NOMENCLATURE (1). *Viburnum Tinus*, Linn. spec. 383 (1764). *V. Lucidum.* Mill., dict. jard., éd. franç., 1785, vol. 7, p. 397, n° 5. *V. Tinus lucidum.* Ait. hort. kew., 2, p. 166. Lamk. et de Cand. Flor. franç., 4, p. 274 (1805). A. P. de Cand., prodr. 4, p. 324 (1830). *Viorne à grandes fleurs.* Jard. Fort. Willermoz (1847).

---

(1) Nous reporterons, à la fin des articles, quand l'epace nous le permettra, les différentes dénominations scientifiques ou vulgaires que les plantes ont reçues des auteurs. Cette nomenclature est absolument indispensable au botaniste et à l'horticulteur.

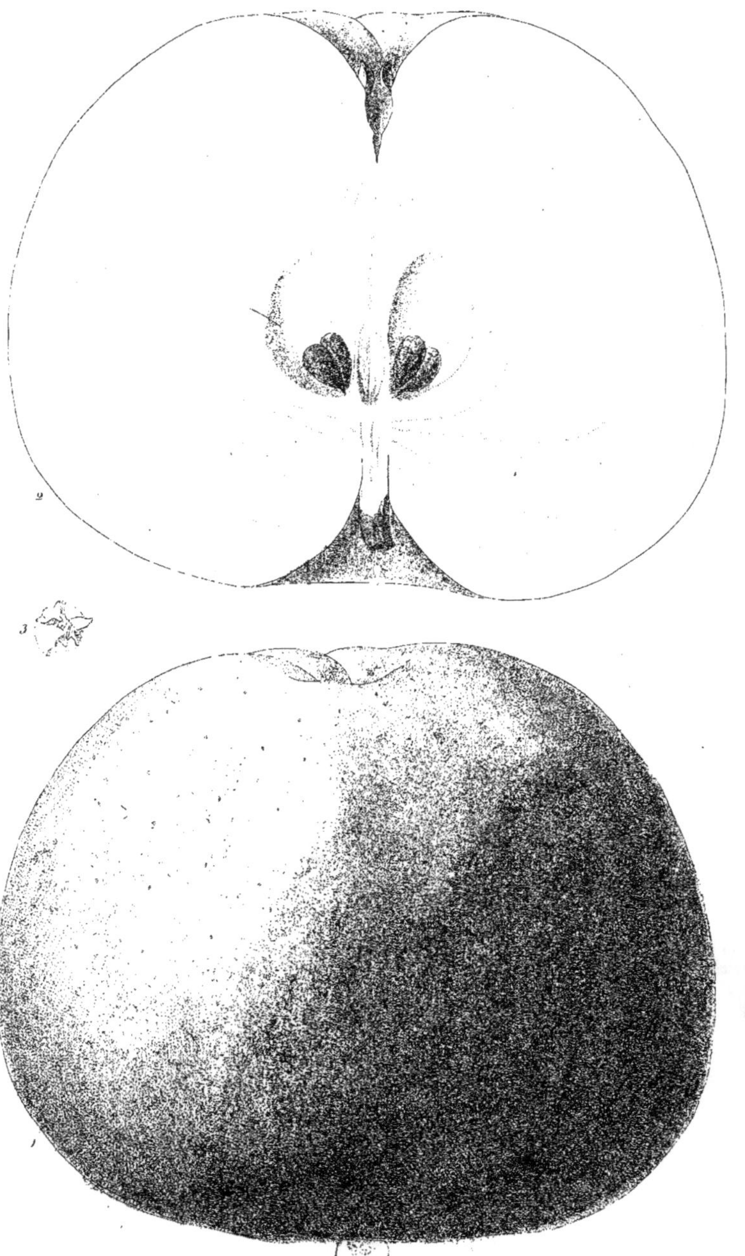

Pomme de Céda.

POMME DE CÉDA. (DENIS.)

Fruit d'un beau jaune, fortement teinté de rouge brique du côté du soleil, à peine relevé de quelques côtes vers le sommet ; pesant 405 gram., présentant une hauteur de 92 millim. sur 107 de diamètre. **Chair** formée de grosses utricules, peu succulentes, farineuses, et dont l'odeur se rapproche de celle de la *Pomme rose*. **Pédicelle** court. **Orifice du tube** (œil) enfoncé ; lames des sépals lancéolées, infléchies, presque planes. **Carpes** (loges) *très grands*, renfermant chacun deux graines d'une grosseur médiocre et couleur chocolat clair. **Écorce** des rameaux brun foncé, portant des lenticelles rares, petites et grises.

La beauté et le volume de ce fruit le feraient toujours rechercher pour orner les desserts, lors même qu'il ne serait pas exquis. Il n'avait pas encore atteint la complète maturité lorsqu'il a été présenté à la SOCIÉTÉ D'HORTICULTURE PRATIQUE DU RHONE le 13 novembre 1845. Il a été mentionné dans le BULLETIN de cette Société, 1845, p. 198. Il est probable que la greffe ajoutera à sa qualité. L'arbre, qui a acquis un développement extraordinaire, a été découvert par M. DENIS (1), dans un rocher, près Villefranche, dans le Beaujolais, en un lieu dont il porte le nom. Plusieurs pépiniéristes qui se trouvaient à la séance, lorsque ce beau fruit a été présenté, lui ont trouvé quelques rapports avec le *Calvil blanc*. M. DENIS le compare, quant à la saveur, à la *Reinette du Canada*. Il mûrit en décembre. L'arbre, greffé sur Paradis, est en vente chez son introducteur.

---

(1) Pépiniériste à St-Simon près Vaise (Lyon).

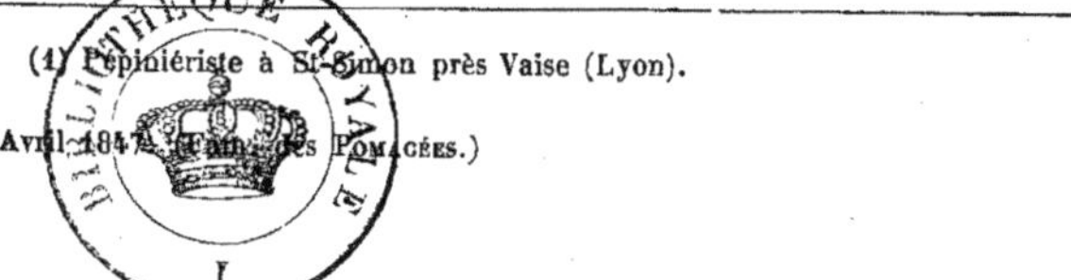

Remarques sur la famille des Pomacées.

On commence à comprendre qu'on ne peut laisser plus longtemps dans une même famille des arbres dont les fruits sont aussi dissemblables que ceux nommés par les horticulteurs *fruits à pepins* et *fruits à noyaux*. Nous nous bornerons d'abord à étudier ceux des **POMACÉES**. Plus tard nous reviendrons sur les autres dédoublements du grand groupe qu'on nommait **ROSACÉES** (1).

A un bien petit nombre d'exceptions près, les **POMACÉES** sont des arbres souvent munis d'épines *(Poirier sauvage, Néflier, Alizier)*, mais jamais d'aiguillons, dont les **Feuilles** sont ordinairement simples et accompagnées de stipules. Leurs **Fleurs**, qui offrent une certaine ressemblance avec de petites Roses, présentent extérieurement une partie verte en forme de tube ovoïde, couronnée par cinq lanières également verdâtres au moment de la fleuraison; ce sont les cinq **Sépals** plus ou moins unis dans leur moitié inférieure. Ces parties, soudées les unes aux autres, ont été nommées *calice*, et, par d'autres, très faussement, *ovaire*. Les parties libres qui forment la rosette foliacée couronnant la *Pomme*, la *Poire*, plus visiblement le *Coing* et la *Nèfle*, sont les lames des **Sépals**. D'abord plus ou moins gros qu'un noyau de cerise, ce tube grandit considérablement après la fleuraison, si celle-ci n'a pas souffert des variations atmosphériques; il augmente bientôt après dans toutes ses dimensions. Distendu par le développement considérable des organes qu'il renferme, il s'amincit graduellement et forme la pelure de la pomme ou de la poire. *(La suite au prochain Numéro.)*

---

(1) Les vraies Rosacées se trouvent réduites actuellement au genre Rose.

EXPLICATION DE LA PLANCHE.

1. Pomme entière, de grosseur naturelle.
2. Coupe longitudinale du fruit, présentant de très grands carpes.
3. Orifice du tube commun (vulgairement nommé *œil* ou *ombilic*).

1 Azalée amanta 2 A. rose-orangé 3 A. délitée

1. AZALÉE AMANTA.

Azalea amanta.

Fleurs rose carmin, macules de la même couleur, centre cerise ou carmin très intense.

2. AZALÉE ROSE-ORANGÉ.

Azalea rosea-aurantiaca.

Fleurs rose cerise, légèrement teintées de jaune, avec macules cerise.

3. AZALÉE D'ÉLITE.

Azalea delecta. (KNIGHT.)

Fleurs rose violacé, macules et centre carmin.

Ces charmantes variations ont été présentées à la séance de mars de la SOCIÉTÉ D'HORTICULTURE PRATIQUE DU RHONE, par M. Et. ARMAND.

AZALÉE INDIENNE.

Azalea indica. (LINN.)

Arbrisseau très élégant, garni sur tous les organes verts de gros poils durs, coniques, roussâtres et appliqués. **Feuilles** obovales *oblongues en coin*, entières, alternes, *persistantes*, assez semblables à celles de l'*Arbutus alpina*, LINN. (*Arctostaphylos alpina*, SPRENG), quoique souvent beaucoup plus grandes; fibres pennées, déprimées en dessus, saillantes en dessous, formant un réseau à mailles larges et très irrégulières, d'un vert foncé en dessus et jaunâtres en dessous. **Fleurs** 2-4, terminant les rameaux, naissant de l'aisselle de bractéoles lancéolées, concaves, pointues, entières, atteignant la base des sépals. **Sépals** 5, ovales-lancéolés, libres, bordés de quelques dents très étroites et manifestement ciliés. **Pétals** unis dans leur moitié inférieure, en un tube campanulé très évasé ; lames très grandes, ovales-circulaires, ondulées, sans poils ni glandes, se touchant par leurs bords. **Anthères** ovales, tronquées et à deux trous au sommet, tandis que leur partie inférieure est terminée en pointe.

Cette espèce est très distincte de *l'Azalée pontique*, qui a des feuilles caduques, luisantes sur les faces, plus grandes, à réseau étroit, fibres un peu saillantes sur les deux faces, obscurément et finement festonnées-cartilagineuses. Sépals très petits, oblongs, presque pétaloïdes, garnis de poils glanduleux étalés comme le tube cylindrique des pétals dont les lames sont lancéolées, pointues, et non obovales, oblongues, obtuses, comme celles de *l'Azalée indienne*, etc., etc. D'ailleurs *l'Azalée pontique* est de pleine terre, elle a ses fleurs odorantes, tandis que celle de l'indienne n'a été cultivée jusqu'à présent qu'en serre et elle est inodore. Spontanée dans l'île de Java, aux environs de Batavia, le long des ruisseaux ; cultivée au Japon et en Chine, où elle est peut-être aussi spontanée, elle a été rapportée de la Chine en 1808. Elle fleurit en mars et avril dans nos serres, où elle étale toute la magnificence de ses nombreuses et élégantes variations.

Remarques sur les genres Azalée et Rhododendron.

Les genres *Azalea* et *Rhododendron* sont présentés avec des caractères si peu solides qu'il ne vaut pas la peine de gêner la nomenclature admise dans tous les jardins, en faisant passer l'*Azalea indica* (Linné), dans le genre *Rhododendron*, comme l'ont fait Sweet et A.-P. de Candolle. Le nombre des étamines, reconnu très variable dans les Rhododendrons ou Rosages (de 5-10), et la persistance des feuilles dans ces derniers, ne peuvent suffire pour les caractériser. La longueur relative des étamines et des pétals n'offre pas plus de fixité.

Eug. Grobon pinxit

Duchêne sculp.

1 Verveine Mlle Jurie. 2 V. Docteur Jobert. 3 V. Amélie.

1. VERVEINE Mlle JURIE. (C.-F[né] WILLERMOZ.)

Fleurs grandes, d'un blanc très légèrement teinté de violet, avec le centre carmin, large de 21 millim.

2. VERVEINE Dr JOBERT. (C.-F[né] WILLERMOZ.)

Fleurs d'un rose pur, à centre carmin, de 19 à 20 millim. de diamètre.

3. VERVEINE AMÉLIE. (C.-F[né] WILLERMOZ.)

Fleurs grandes, lilas tendre, à centre violet, de 20 millim. de diamètre (1).

Le genre *Verveine (Verbena)* est assez difficile en lui-même, et les horticulteurs ainsi que quelques botanistes sont venus augmenter l'embarras, en élevant au rang d'espèces des variétés et souvent des variations à peine distinctes entre elles par de très légères nuances de leurs fleurs. La disposition des épis de fleurs, la longueur des bractéoles, relativement au tube des sépals, au moment de l'épanouissement de chaque fleur, la forme, la longueur et la direction des lames des pétals, la forme de la colonne des styles, et surtout celle des stigmates, offriront de meilleurs caractères spécifiques que la circonscription variable de leurs feuilles. Nous n'avons, pour le moment, à nous occuper que d'une espèce, que la beauté de sa fleur et sa tendance à produire des variations nombreuses ont engagé à propager abondamment : c'est la *Verveine Petit-Chêne (Verbena Chamædryfolia)* (Juss.), qui a probablement de nombreux synonymes, sur lesquels nous

(1) Ces trois variations sont en vente chez M. WILLERMOZ.

reviendrons. Parmi nos collègues, M. C.-Fné Willermoz est l'un de ceux qui se sont le plus occupés de sa culture; il a obtenu des variations magnifiques, et nous l'avons prié de nous donner la notice qui suit :

La Verveine herbacée est devenue aujourd'hui une plante à la mode dans tous les jardins d'amateurs : les premières espèces et variétés introduites en France provenaient d'Angleterre; mais, depuis quelques années, les horticulteurs français se sont livrés au semis avec succès; ils ont obtenu, à force de soin et de patience, des sujets qui sont à leur tour recherchés par nos voisins d'outre-mer. Pour figurer dans une collection, la Verveine doit réunir plusieurs qualités: d'abord une belle forme, une bonne tenue, puis ensuite une odeur agréable; elle doit avoir des fleurs grandes, bien faites, et enfin un coloris riche et délicat.

CULTURE EN VASES.

La Verveine se cultive en pots et en pleine terre; mais, pour obtenir une belle végétation, un ample feuillage, de riches et larges fleurs, il faut la placer dans un sol convenable; tout le succès de son développement dépend du choix, de la préparation de la terre, qui doit être composée, pour les plantes en vases, de vingt-cinq parties de terre de bruyère sablonneuse, vingt-cinq de terreau de feuilles ou de vieilles plantes décomposées, et cinquante de terre franche. On prépare ce mélange longtemps d'avance, on le crible et on l'abrite.

Il faut y ajouter, par brouette, une petite quantité de cornaille fine (un demi-kil. environ); mais cette addition ne se fait que quelques jours avant la plantation ou le rempotage.

Ce rempotage s'exécute au moment de la poussée, c'est-à-dire dans les premiers jours d'avril. Dix à douze jours après, il faut pincer les rameaux afin de les faire ramifier.

La Verveine doit être rentrée en serre froide, sèche et bien aérée; elle sera placée sur des gradins aussi près du jour que possible; les arrosages seront très modérés en hiver; une humidité trop grande fait noircir les feuilles, et si des soins ne sont pas administrés à propos, la plante entière ne tarde pas à périr.

CULTURE EN PLEINE TERRE.

Une terre franche, amendée avec le fumier des rues et addition de cornaille, est très favorable à la culture de la Verveine destinée à passer la belle saison en pleine terre. On peut la planter à 40 centimètres de distance, soit en massif, soit en planche ou en bordure; chaque plante doit être accompagnée d'un tuteur, pour éviter que les rameaux ne rampent sur la terre, où ils s'enracinent avec beaucoup de facilité. Quand elle est pincée souvent et à propos, elle forme un joli petit arbuste en miniature qui se couvre constamment de fleurs. En été, la Verveine demande une terre humide, mais sans excès; si l'on veut jouir longtemps de sa riche fleuraison, il faut surtout la garantir des brûlants rayons du soleil, l'arroser le soir, lorsqu'elle est à l'ombre, ou le matin, avant le lever du soleil.

MULTIPLICATION PAR SEMIS.

Nous avons appris, par expérience, que pour obtenir de belles variétés, il est important de planter les sujets de façon que la fleuraison présente le contraste le plus agréable de couleur. En effet, par ce moyen, la fécondation s'opère d'une manière avantageuse. La graine se récolte depuis le commencement de juin jusqu'à la fin d'octobre; elle conserve sa faculté germinative pendant trois ans, si elle est placée dans de bonnes conditions et si elle a été récoltée à propos. Nous semons ordinairement dans la deuxième quinzaine d'avril, en terrine exposée à l'air libre. La germination a lieu dans l'espace de quinze à vingt jours. Plusieurs praticiens sèment sur couche et sous châssis ; il est vrai que ce mode est plus prompt que celui que nous avons adopté, mais il présente des inconvénients graves qui nous ont forcé à l'abandonner. Les sujets germés sur couche et sous châssis, sont maigres, effilés et presque toujours dévorés par les insectes; ceux, au contraire, nés à l'air libre, sont courts, ramifiés, vigoureux et exempts de pucerons. Le jeune plant est repiqué dans de petits godets de 5 à 6 centimètres, et placé à l'ombre jusqu'à sa parfaite reprise; les vases sont ensuite rangés en planche, et enfoncés dans le sol jusque rez-terre. Les plantes demeurent à la même place et dans le même pot jusqu'à la première fleuraison, afin de ne rempoter que celles dont les fleurs sont les plus distinguées.

MULTIPLICATION PAR BOUTURES.

La Verveine se multiplie avec beaucoup de facilité par boutures. Celles-ci reprennent très promptement, placées dans de petits godets de 3 centimètres, au fond desquels nous jetons une petite quantité de poudre de charbon. Les boutures s'exécutent, pendant toute la belle saison, sous cloches et sous châssis. Elles réussissent en plein air, mais plus lentement. Les plus vigoureuses et les plus robustes sont celles qui sont faites dans les mois de juin, juillet et août; celles des mois d'avril et mai sont trop délicates pour supporter les fortes chaleurs de l'été, et celles de septembre et d'octobre ne prospèrent jamais bien en serre pendant l'hiver.

MULTIPLICATION PAR COUCHAGE.

On peut encore multiplier la Verveine par couchage; ce moyen n'est pas plus prompt que par boutures, mais chaque articulation, recouverte d'une petite partie de terre, s'enracinant avec facilité, donne naissance à de nombreux individus, rarement bien faits, et d'une mauvaise constitution. On le comprend, car les marcottes, étant couchées sur le sol, sont toujours gorgées d'eau.

C.-F[né] WILLERMOZ.

Rhododendron Hénon

RHODODENDRON HÉNON.

Rhododendron Henonis. (H. SIM.)

Arbuste de taille moyenne. — **Feuilles** oblongues, aiguës, fermes, coriaces. — **Fleurs** disposées en grappe compacte presque sphérique, d'un beau pourpre sanguin. — **Pétals** unis inférieurement en tube campanulé, qui s'évase graduellement. — **Lames** très obtuses, étalées, les deux inférieures sans aucune panachure, un peu plus étroites que les autres. — **Lame** supérieure et **Lamelle** supérieure des deux pétals latéraux plus foncées à leur base et portant de nombreuses ponctuations d'un pourpre noir. — **Étamines** 5 à 6, déjetées du côté inférieur et presque parallèles.

Cette belle variation, dont les grappes de fleurs sont nombreuses et serrées, a été obtenue par M. HENRY SIMON (1), dans un semis fait il y a huit ans. Elle a fleuri pour la première fois en 1847, dans son établissement, où elle se distingue dans une brillante collection de variations. Ce jeune horticulteur, élève du jardin des plantes de Lyon, a dédié cette riche modification à M. le docteur HÉNON, secrétaire général de la Société royale d'agriculture, histoire naturelle et arts utiles de Lyon, qui s'occupe avec la plus grande persévérance à étudier les espèces des genres *Iris*, *Narcisse*, et de la nomenclature des arbres fruitiers. Il possède de beaux dessins, dus au talent très distingué de son épouse.

(1) Pépiniériste et fleuriste à Vaise, montée de Balmont.

Les *Rhododendrons* s'obtiennent, le plus souvent, de semis faits au printemps. D'abord ce ne sont que de très petites plantes, qui demandent, les premières années, des transplantations et des soins continuels; heureux l'horticulteur qui, après sept à dix années de peine, obtient des modifications distinguées. Leurs graines sont extrêmement fines, et il faut surveiller très attentivement l'ouverture des carpels, et les recueillir avant leur parfaite maturité; car, sans cela, elles se répandraient, sans aucun succès, sur la terre des vases. On doit les semer au printemps, lorsque la température est douce, afin de ne pas s'exposer à les voir pourrir, si le milieu où on les tient est trop froid et humide. Les terrines sont garnies, sous une terre de bruyère sablonneuse et bien criblée, de petit gravier, pour empêcher le séjour de l'eau. On serre également toute la surface avec un petit disque de bois, muni d'un manche. On disperse très également les graines et on les recouvre à peine d'une mince couche de la même terre. On asperge légèrement la surface, et on place les vases sous un châssis froid, ou bien dans une bache tiède, pour ceux qui demandent un peu plus de chaleur. Les châssis vitrés ne doivent être soulevés graduellement que lorsque les plantes sont déjà un peu fortes. Elles doivent être arrosées en humectant la terre, sans mouiller les feuilles, et abritées convenablement des rayons du soleil. En mai, on place les terrines dans un lieu ombrâgé et légèrement humide, en employant les soins les plus attentifs pour les préserver surtout des molusques (limaces, etc.), qui, en une seule nuit, les dévorent.

L'automne suivant, les jeunes Rhododendrons sont mis isolément dans de petits pots, ou en terrine. Leur transplantation doit se faire en conservant, avec beaucoup d'adresse, la terre qui entoure leurs racines, et on rentre les vases dans le local où les plants sont nés. Ces jeunes individus sont ainsi dépotés au printemps et en automne, jusqu'à ce qu'ils fleurissent, en ayant soin de les placer successivement dans de plus grands vases.

(La suite à un autre Numéro.)

Eug. Grobon pinx.

CAMELLIA.

Nous n'avons pas cru devoir ajouter un nom aux 5 ou 700 déjà donnés aux modifications très minimes d'une seule espèce *(Camellia Japonica)*. Cependant celle-ci mériterait autant que bien d'autres d'être indiquée par une dénomination ; nous nous en abstenons, dans la crainte qu'elle ne soit déjà nommée, et nous prions les amateurs de *Camellia* de nous communiquer leurs remarques à cet égard. Quant à la fixité de la panachure, nous ne pouvons pas plus l'affirmer que l'on ne peut assurer celle des autres variations, car cette année a donné une grande preuve de leur peu de stabilité.

Arbuste vigoureux. — **Pétiole** court, ferme, demi-cylindrique. — **Lame** des feuilles obovales-circulaires, courtement acuminées, planes, luisantes, surtout en dessous, de 9 centim. de long sur 6 ½ à 7 de large, finement dentées, élégamment fibrées sur les faces, et dont les fibrilles se terminent en élégant feston près des bords. — **Bourgeons à feuilles** très allongées (2 centim.), pointus aux extrémités. — **Fleurs** grandes, de 10 à 11 centim. de diamètre. — **Écailles du bourgeon** peu nombreuses, et **Sépals** circulaires, un peu voûtés au centre, vert pâle et velouté, légèrement membraneux sur les bords. — **Pétals extérieurs** 18 à 20, très grands, obovales, échancrés au sommet, très étalés, les uns rouge cerise très beau, d'autres blancs et irrégulièrement lavés ou irrégulièrement panachés de rose. — **Pétals intérieurs** 130-160, ovales-oblongs, pointus, pliés sur la dorsale, cerise, tachetés de blanc, très serrés, ascendants, atteignant à peine le tiers de la longueur des extérieurs, et formant une demi-sphère compacte légèrement aplatie. — Cette variation est l'une des plus remarquables par son beau feuillage, ses grands pétals extérieurs, par ceux du centre, par ses riches couleurs et leurs gracieuses nuances. Elle a été présentée à la Société d'Horticulture pratique du Rhône (13 mars 1847), par M. Liabaud, horticulteur à la Croix-Rousse (montée de la Boucle), et admirée de tous ses membres. Elle appartient au groupe des Anémonéformes.

NOMENCLATURE. *Camellia elegans Chandlerii.* Berlès., mon. camel., éd. 3, n° 225 (1845). Nous présumons qu'il faudrait écrire *Camellia elegans* (Chandl.) pour exprimer que c'est Chandler qui lui a donné le nom de *C. elegans;* nous croyons aussi que ce n'est qu'une nouvelle modification de cette élégante variation, ou bien du *C. pulcherrima.*

Classification des variétés botaniques du Camellia japonnais (C. japonica).

Les changements de coloris qu'ont éprouvés cette année la plupart des modifications du *Camellia japonnais*, doivent prouver, plus que jamais, combien est vague leur classification au moyen des couleurs. C'était bien de M. l'abbé Berlèse que devait naître l'idée des groupes de variétés qu'il a signalés dans la troisième édition de sa *Monographie des Camellia*, et dont il a donné des figures. Il est dommage qu'il n'y ait pas rapporté toutes les prétendues espèces jardinières. Les groupes proposés par cet habile horticulteur sont les vraies variétés des botanistes. Mais les couleurs, telles séduisantes qu'elles soient dans cette magnifique espèce, ne peuvent être employées qu'en second ordre dans une classification sérieuse. Appelé par le genre de travaux auxquels ma *Flore des jardins et des grandes cultures*, ainsi que la *Flore et Pomone Lyonnaises*, m'a porté à me livrer, j'ai senti plus que jamais la nécessité d'apporter de l'ordre dans les ouvrages d'horticulture. Si M. Berlèse ne me précède pas dans le rapport des variations de *Camellia* aux vraies variétés, je tenterai ces rapprochements; mais, pour le moment, je me contente de compléter les caractères de ces groupes proposés par l'auteur des beaux travaux spéciaux des *Camellia*.

Parmi les quatre espèces de ce genre, bien reconnues des botanistes, deux seules sont dans nos jardins; l'une, qui s'est prêtée à une foule de modifications de couleurs dans ses pétals, mais à un bien plus petit nombre de formes, est abondante dans nos cultures, c'est le *Camellia Japonica*. Elle se distingue par ses *feuilles ovales acuminées, dentées et ses fleurs terminales*. L'autre, peu répandue, est le *C. Sasanqua;* il a aussi des *fleurs terminales, mais moins grandes, ainsi que ses feuilles, qui sont ovales oblongues*. La troisième espèce, *C. reticulata*, ne paraît qu'une variété du *Japonica;* la quatrième ou *C. Kissi*, et la cinquième, *C. Drupifera*, ne sont encore que dans les ouvrages de botanique et nullement dans nos jardins européens.

Le *C. Japonica* est donc le seul dont nous ayons à nous occuper, puisqu'on n'a pas encore signalé de variétés très tranchées dans le *C. Sasanqua*.

Voici les formes principales que présente le *Camellia japonnais*, et les caractères auxquels on peut les reconnaître.

Variété 1. SIMPLICIFLORES (simpliciflORÆ).

Pétals sur 1 à 3 rangs, étalés, obovales, tous également conformés. **Etamines** sans déformations sensibles (quoique un ou deux rangs d'entre elles soient complètement changées en pétals de mêmes dimensions que les pétals extérieurs). C'est ici que se rapporte le *Camellia simple* Berlèse, monographie du Camellia, édition 3ᵉ, p. 92, planche 1 (1845), ainsi que ses nombreuses variations à 2 ou 3 rangs de pétals unicolores ainsi que ceux dont les couleurs sont variées.

Variété 2. ANÉMONÉFORMES (anemoneformæ).

Pétals de la circonférence obovales, étalés et bien conformés, disposés sur deux à trois rangs. **Etamines** transformées en plus petits pétals que ceux de la circonférence, pliés sur la dorsale, pointus, rassemblés en touffe et atteignant à peine la moitié de la longueur des grands pétals. — La fleur ressemble assez bien à celle de l'*Anèmone coronaire* de nos jardins. — C'est à ce groupe que se rapportent les *Anémonéformes*, Berlès., mon. cam., éd. 3, p. 92 et pl. 2 (1845), et le *Camelia elegans*, (Chandleri), que M. Berlèse rapporte au cinquième groupe, probablement à tort). C'est ici qu'il faut citer la variation dont nous donnons la figure dans ce numéro (mai 1847).

Variété 3. POMPONIFORMES (pomponiformæ).

Pétals de la circonférence étalés, obovales, ou échancrés au sommet, bien conformés, sur deux à trois rangées. **Etamines** transformées en pétals allongés, obtus, aussi longs que les pétals extérieurs et formant un pompon. — *Varathiformes* ou *Pompons*, Berlès., mon. cam., éd. 3, p. 93, pl. 7 (1845), qui rapporte à ce groupe le *Camellia varatha ancien*, le *C. Vespucius*, le *C. Hebra* et *C. Rubina*.

Variété 4. PÉONIFORMES (pæoniformæ).

Pétals de la circonférence étalés, obovales ou en cœur, sur deux ou trois rangs égaux. **Etamines** transformées en pétals inégaux, difformes, un peu plus courts que les extérieurs et imitant ceux de la Pivoine double. — *Péoniformes*, Berlès., mon. cam., éd. 3, p. 92, pl. 3 (1845). Il y rapporte le *C. Colvillii*.

Variété 5. ROSIFORMES (rosæformæ).

Pétals passant graduellement jusqu'au centre, par des transformations complètes ou partielles des étamines, en plus petits, moins chiffonnés que dans les quatre premières variétés et imitant la Rose de tous les mois (*Rosa Damascena)*. — Berlès., mon. cam., éd. 3, p. 92, pl. 4 et 5 (1845), qui rapporte à cette forme principale les *C. Derbiana, C. Rosa Senensis, C. Chandleri*. Cette dernière variation me semblerait mieux placée parmi les *Anémonéformes*.

VARIÉTÉ 6. RENONCULIFORMES (RANUNCULIFORMÆ).

Fleurs complètement doubles. **Pétals** larges, étalés, entuilés et nombreux comme ceux d'une *Renoncule asiatique* ou *des jardins*. — *Renonculiformes*, Berlès., mon. cam., éd. 3, p. 93, pl. 6 (1845). Cet auteur y rapporte le *C. Alba plena*. C'est à ce groupe qu'appartient aussi la variation que nous avons figurée dans le numéro de janvier 1847 de notre *Flore et Pomone Lyonnaises*.

Le *Camellia*, introduit en Europe en 1739, a été longtemps propagé à l'état simple. La culture qui en a été faite par graine, sous des circonstances atmosphériques et terrestres très diverses, aura produit successivement une partie des variétés et des variations nombreuses que nous possédons actuellement. L'homme est venu en aide à la nature; des métis se sont créés par le voisinage des variations; des modifications partielles d'individus, recueillies avec beaucoup de soin, ont été propagées par la greffe et sont encore venues augmenter le nombre des variations; et cette plante, après à peine un siècle de culture et quoique ligneuse, nous présente par centaines des modifications, à la vérité souvent très peu distinctes, mais qu'il faut grouper d'après les formes assez tranchées de ses fleurs.

Ce bel arbuste, multiplié actuellement par milliers chaque année, est le plus souvent obtenu par boutures, par marcottes et surtout par greffe. Il ne mûrit guère ses fruits que dans les parties méridionales de l'Europe, où, cultivé en pleine terre, et abandonné à lui-même, sa fleuraison et sa fructification s'opèrent beaucoup mieux que dans nos serres froides, où nous n'élevons le plus souvent que des variations doubles, et dont les carpels ne sont pas assez parfaits pour recevoir la fructification. D'ailleurs les horticulteurs, pressés de jouir, se livrent trop peu au mode le plus naturel de multiplication, celui de la graine; les jeunes individus obtenus par ce moyen sont trop longs à fleurir et occuperaient le plus souvent avec peu de succès une grande surface de terre. Mais les Italiens, qui peuvent se livrer en pleine terre à sa culture en grand, devraient s'y vouer; ils obtiendraient sûrement d'heureux résultats.

La terre de bruyère paraît indispensable pour la culture du *Camellia;* cependant M. Otto a observé que la tourbe (du moins celle des environs de Berlin) peut remplacer la terre de bruyère pour les *Rosages* et les *Camellia.* M. Prost, qui habite la Picardie, a trouvé qu'en brisant les tourbes préparées pour combustible et en les réduisant en poudre, des individus malades, appartenant à ces deux beaux genres, y avaient repris toute leur vigueur au bout de quelques mois. Si les essais ultérieurs sur telle ou telle tourbe confirment ce fait, on pourra établir à peu de frais de beaux massifs de *Rosages* (*Rhododendron*). En attendant on doit faire choix d'une terre de bruyère légèrement sableuse, bien brisée, passée à la claie, et dont on n'aura pas séparé les filaments des racines.

Tous les horticulteurs savent que les moyens principaux de multiplication des *Camellia* sont le bouturage, le marcottage et diverses modifications de la greffe (1).

Les individus simples de *Camellia* bouturés pendant presque toute l'année, très entassés dans des terrines placées dans une couche et sous cloche, poussent facilement des racines. On choisit pour cela de jeunes rameaux presque encore herbacés, que l'on prend sur de vieux individus (dits mères) que l'on élève à cet effet. Aussitôt que les racines sont bien développées, on les sépare dans autant de petits pots, et six à huit mois plus tard on les greffe.

(La suite à un autre Numéro.)

---

(1) On trouvera plus de détails dans divers ouvrages spéciaux d'horticulture, tels que Berlèse, *Monographie du Camellia* (1845); V. Paquet, *Traité de la culture des Plantes de terre de bruyère* (1844); Ch. Lemaire et Paillet, *des genres Camellia, Rhododendron* (1844), etc., etc.

Flor et Pom Lyonn juin 1847

1 Pelargonium Lucie, 2 P. duc de Devonshire,
P. Madame Duchêne,

Pelargonium cucullatum. (AIT.) (1).

PELARGONIUM EN CAPUCHON (2).

Variation 1. LUCIE.
— 2. DUC DE DEVONSHIRE.
— 3. Mme DUCHÈNE.

1. **Pelargonium Lucie.** (BOUCH.)

Fleurs de moyenne grandeur, d'environ 5 centimètres de diamètre, presque régulières. — **Pétals** circulaires, très planes, à fond blanc à peine teinté de rose; les deux supérieurs relevés, vers leur centre, d'une tache pourpre clair, sur laquelle se détache une palmette un peu plus foncée, et dont l'extrémité des ramifications n'atteint pas le bord.

(1) *Pelargonium cucullatum.* Aiton, hortus kewensis, édit. 2, vol. 2, p. 426 (1811). — *Geranium cucullatum.* Linnæi, species plantanum, édit. 1, p. 677 (1753), édit. 3, p. 946 (1764). — *Geranium africanum arborescens, foliis cucullatis.* Dillenio hortus elthamensis plantarum rariorum icones, fig. 156 (1776).

(2) *Cucullus*, capuchon. — *Cucullatus*, en forme de capuchon, ou muni d'un capuchon, ou bien capuchonné. — Ce nom a été donné à l'espèce à cause de la courbure de ses feuilles.

Nous donnerons, par la suite, les caractères des genres établis depuis Linné, dans le groupe qui est élevé actuellement au rang de famille (GÉRANIACÉES); nous les accompagnerons de figures qui feront facilement comprendre aux horticulteurs la nécessité où les botanistes sont de séparer actuellement ce genre des anciens auteurs, et même de Tournefort et Linné, en quatre parfaitement distincts (GERANIUM, ERODIUM, PELARGONIUM et MONSONIA).

2. **Pelargonium duc de Devonshire.** (BOUCH.)

Feuilles de moyenne grandeur, réniformes-lobées, très onduleuses, à petites dents. — **Fleurs** grandes, de 5 centim. de largeur sur 7 de hauteur. — **Pétals** presque circulaires; les trois inférieurs roses, à peine ondulés; les deux supérieurs de même teinte à la circonférence, mais largement lavés de pourpre et surmontés d'une tache pourpre noir presque réniforme. Palmette pourpre foncé, peu ramifiée.

3. **Pelargonium Mme Duchêne.** (BOUCH.)

Feuilles réniformes-circulaires, ondulées, à peine lobées, à dents triangulaires. — **Fleurs** grandes, de 5 centim. de largeur sur 6 de hauteur. — **Pétals** inférieurs ovales, à peine échancrés, blancs à leur base, et teintés de rose dans leur moitié supérieure, relevés de quelques lignes non rameuses un peu roses; et deux supérieurs grands, circulaires, sans échancrure ni palmette, fortement teintés de rose à la circonférence, et largement de noir au centre.

Parmi les belles plantes qui nous viennent du Cap-de-Bonne-Espérance, une espèce, dès longtemps connue (1690), est l'ancien *Geranium cucullatum* de Linné, qui, lors de l'établissement du genre *Pelargonium*, par L'héritier (1787), passa nécessairement dans ce genre, auquel le rapporta Aiton, dans le jardin de Kew (1). Cette plante, très vigoureuse, multipliée successivement sous les mains d'horticulteurs habiles et persévérants, a produit tous nos *Pelargoniums* que la beauté des formes, la vivacité des couleurs et les riches palmettes de leurs pétals ont mis à la mode.

---

(1) Hortus kewensis (1789). Prononcez *kiou* et non kev.

Rose étendard de Marengo

Rosier étendard de Marengo. (ÉT. ARM.)

(HYBRIDE REMONTANTE.)

Cette élégante variation, dont les fleurs sont grandes et d'un beau rouge cramoisi foncé, velouté, nuancé de violet, est unique jusqu'ici dans la section des roses remontantes. C'est un arbuste d'un port ferme et élégant, garni de peu d'aiguillons inégaux, à peine recourbés et rouge foncé comme l'écorce; ses **Feuilles** sont gracieuses par leur écartement, l'allongement et la fermeté de leur pétiole, garni à leur base de stipules extrêmement étroites, à sommet très pointu et étalé. Leurs 3 ou 5 folioles sont ovales, courtes, régulièrement dentées, et leurs pétioles sont ciliés de poils glanduleux pourpres, la terminale plus grande. Elles sont d'un joli vert et légèrement teintées de rouge dans leur jeunesse. — **Boutons** ovoïdes d'une belle forme. — **Fleurs** de 3 à 5, partant ensemble du sommet des rameaux. — **Pédicelles** gros, robustes, couverts de jolis poils glanduleux pourprés. — **Tube des sépals** obové, vert, lisse ou à peine glanduleux, lames foliacées, élégamment pennatilobées. — **Pétals** grands, arrondis, à peine échancrés, très gracieusement imbriqués, d'un pourpre éclatant.

Cette nouvelle et riche conquête pour l'horticulture, et qui a remporté le prix de semis à l'exposition du printemps de la Société d'horticulture pratique du Rhône, en 1846, se distingue par un port noble et gracieux, une fleuraison abondante, surtout par ses belles fleurs pourpres. Elle est mise en souscription par M. Etienne ARMAND (1), au prix de 25 francs, et sera livrable au 1er novembre 1847, en forts pieds.

La Rose qui, par sa beauté, par sa fraîcheur, par la suavité de son parfum, séduisit les hommes, même les dieux, aurait-elle pu ne pas porter le botaniste à faire graviter autour d'elle des satellites qui, sans avoir son éclat, répandent aussi leurs bienfaits sur l'homme? Ainsi, la Rose s'est trouvée en tête d'un grand groupe de végétaux d'une importance majeure pour les Européens. Trop longtemps, quoique reine, elle a été confondue avec ses subalternes; il est temps de l'élever au rang suprême.

Déjà TOURNEFORT avait senti toute sa prépondérance en formant la famille des ROSACÉES; ses successeurs ont suivi son grand exemple : mais sa sublime organisation ne peut permettre de la confondre avec ses inférieures, elle restera toujours leur souveraine. Entraînés par ce savant, jusqu'ici les naturalistes, toujours sous l'empire de la séduction, ont continué à confondre avec elle d'autres groupes qui ne peuvent qu'être ses alliés. Déjà BARTLING (1830) a établi la famille des POMACÉES, des ROSACÉES (réduites au genre *Rose*) DRYADÉES ou POTENTILLACÉES, SPIRÉACÉES, AMYGDALÉES, mieux AMYGDALACÉES, que la tyrannique habitude seule empêche plusieurs botanistes d'admettre.

Une personne, non prévenue, et qui est à peine accoutumée aux comparaisons, rapprocherait-elle un Pommier d'un Cerisier, d'un Rosier, d'un Fraisier, d'un Spirée? Y a-t-il réellement quelques rapports entre ces plantes, dans le port, dans les tiges, dans les feuilles, dans les fruits. Il y en a quelques-uns dans l'organisation de la fleur, dira-t-on. Cela est vrai, mais alors il faudra rapporter encore aux anciennes rosacées bien d'autres familles.

(La suite à un autre Numéro.)

---

(1) Fleuriste et pépiniériste à Ecully, près Lyon.

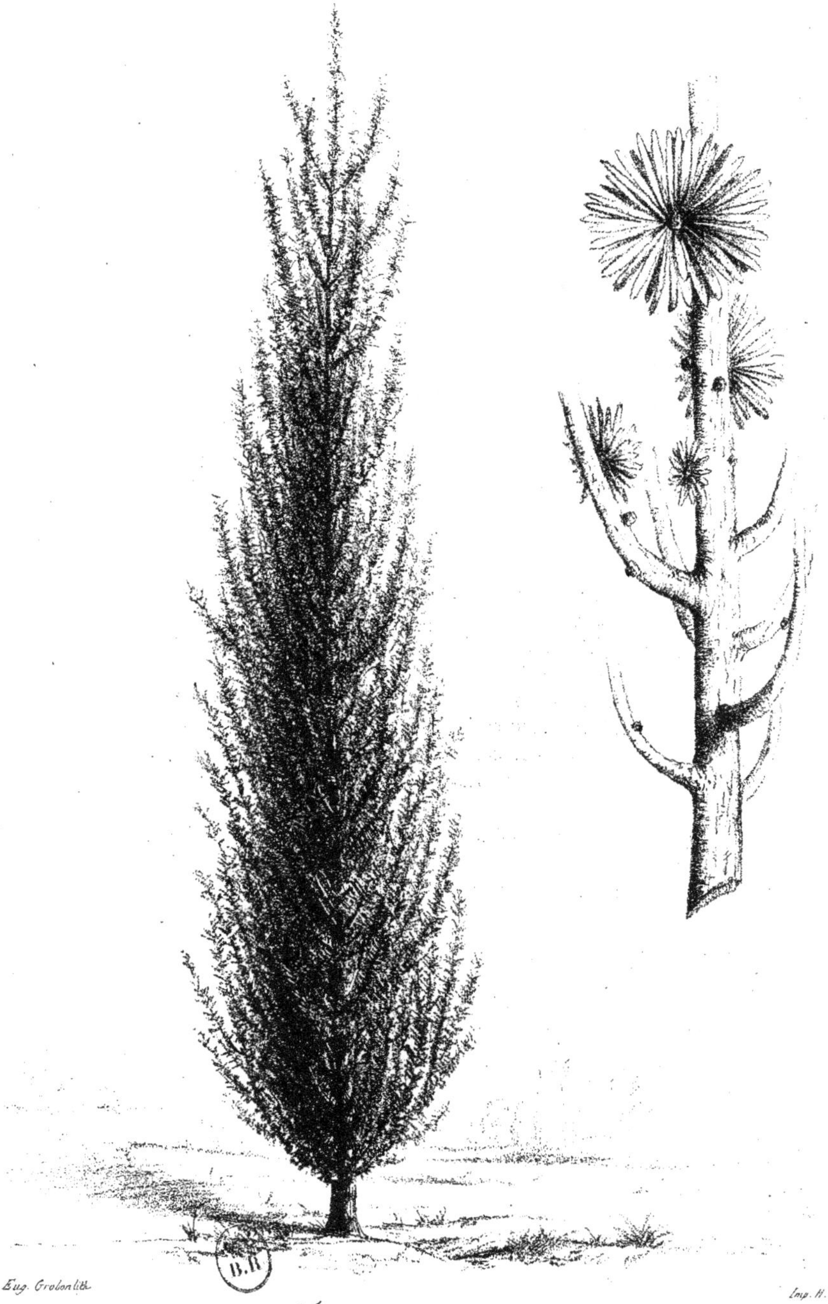

Eug. Grobon lith.

Imp. H. Storck

Mélèze d'Europe pyramidal.

MÉLÈZE EUROPÉEN PYRAMIDAL.

Larix europæa pyramidalis. (H. SIM.)

L'organisation microscopique de chaque espèce végétale paraît si régulière, qu'il ne se produit guère de déformations ; cependant nous en avons quelques exemples dans les plantes cultivées, qui, plus que les spontanées, sont sous l'influence de circonstances chimiques et physiques variées; c'est probablement à celles-ci que nous devons rapporter les modifications de port dans quelques arbres de nos jardins. Le *Robinier faux acacia* nous offre l'exemple le plus complet, peut-être, des modifications qu'un arbre puisse présenter dans son port. Depuis celle à rameaux étalés jusqu'à l'autre extrême, la forme pyramidale (1), entre ces deux extrêmes d'embranchements, nous avons encore l'*Acacia parasol*, l'*Acacia tortueux*, l'*Acacia à feuilles de sophora*, etc., etc. Mais le *Mélèze* s'était toujours montré avec ses branches mollement étalées. Celui qu'a obtenu M. H. SIMON, à Vaise, près Lyon, a, au contraire, les rameaux rigidement ascendants comme le sont ceux du *Peuplier pyramidal*. Il offre, parmi les autres, un port parfaitement tranché. Ce jeune horticulteur en possède des individus greffés sur le Mélèze commun.

Le genre *Mélèze* se distingue essentiellement des autres plantes de la famille des CONIFÉRACÉES, par ses feuilles caduques, disposées en faisceaux seulement dans les bourgeons latéraux à feuilles, car les rameaux terminaux ou les latéraux très vigoureux qui reçoivent beaucoup de sève, ont leurs

(1) M. A. MICHEL en possède une dans sa belle propriété de la Damette, qui a absolument la forme d'un *Peuplier pyramidal* (dit improprement d'Italie, car c'est un arbre que l'on dit venir de l'Orient, mais qui ne se trouve spontané dans aucune partie de l'Italie).

feuilles alternes et spiralées. Ce n'est donc pas un état normal, c'est un véritable avortement de la jeune branche, dont l'axe, qui ne s'allonge pas, ne peut montrer l'alternance spiralée de ses feuilles. Il ne présente réellement, comme dans beaucoup d'autres arbres, que deux espèces de bourgeons, ceux à fleurs anthérées ou carpellées et ceux à feuilles. Il a cependant un mode de croître qui lui est propre : ses fleurs sont (sans feuilles) portées sur des branches de l'année précédente, et elles paraissent avant les feuilles, tandis que dans les autres genres de cette majestueuse famille, les fleurs carpellées sont portées sur les nouvelles branches et occupent leur sommet. Les bourgeons à fleurs ne se distinguent pas pendant la foliation de ceux à feuilles (et à bois); ce n'est que dans le courant de l'hiver qu'on commence à en faire la différence. On peut alors reconnaître ceux qui produiront des fleurs anthérées; ils sont plus petits que ceux à fleurs carpellées : ces bourgeons, dans ces deux derniers cas, ne sont toujours que des bourgeons à feuilles, modifiés de très bonne heure et qui sont épuisés par la fleuraison, très vite pour ceux à étamines ou mâles, qui tombent immédiatement après leur fleuraison, tandis que ceux à carpels (ou femelle ou à fruit) continuent leur développement pendant toute la végétation de l'année et meurent ensuite, qu'ils viennent à maturité ou non. Cependant la force vitale est quelquefois assez grande pour que, en même temps qu'elle produit des fruits, elle reprenne à son sommet la végétation particulière de la branche, et un cône de mélèze semble alors traversé par une branche dont la partie feuillue continuera à végéter l'année suivante, à la manière de la branche qui n'a pas encore acquis son état complètement adulte et final.

(La suite à un autre Numéro.)

SIXIÈME EXPOSITION

DE FLEURS, DE FRUITS, DE LÉGUMES

ET D'AUTRES PRODUITS DE L'HORTICULTURE,

Au Palais-des-Arts, à Lyon,

les 11, 12 et 13 juin 1847.

Le dix juin mil huit cent quarante-sept, à midi, le Jury nommé par la Société d'horticulture pratique du Rhône, composé de MM. Jurie, Seringe, Hamon, Luizet, Liabaud, Laloge, Simon, Frédéric Willermoz, Jobert, Nérard aîné, Duchêne et Charpy, s'est réuni au Palais-des-Arts pour examiner les collections de fleurs, de fruits, légumes et autres produits de l'horticulture.

Après avoir procédé, avec l'attention la plus scrupuleuse, à l'examen de tout ce qui lui a été soumis, le Jury arrête ce qui suit :

SEMIS.

Plantes fleuries en vases.

PREMIER CONCOURS.

Prix d'honneur. — Une médaille en vermeil à la plante ou aux plantes fleuries les plus remarquables et les plus nouvellement obtenues de semis, au n° 21. — M. Boucharlat aîné. (*Pelargonium.*) (1)

(1) Les remarques sur l'Exposition sont en plus petits caractères.

Dans les cinquante-trois modifications nouvelles qui composaient la collection de semis de notre laborieux pélargoniste, on en distinguait une trentaine, parmi lesquelles se trouvaient les trois que nous figurons dans ce numéro, et en outre les suivantes, que nous présentons dans l'ordre alphabétique.

Cardinal de Richelieu.
Claudia.
Clorinde.
Constance.
De Châteaubriand.
Docteur Charpy.
Duc de Cases.
Gaston.
Madame Bravy.
— de Beaufort.
— de Boissieu.
— de Seyssel.
Madame Hamon.
— Jurie.
— Seringe.
Marie de Médicis.
Monsieur Bravy.
— de Beaufort.
— de Boissieu.
— Gaudet.
— Giraud.
— Plantier.
— Seringe.
Rose perfection.

Quelques-unes seront encore figurées prochainement dans notre ***Flore et Pomone Lyonnaises***.

2e *Prix*. — Médaille d'argent aux plantes qui approcheront le plus des premières, au n° 32. — M. LACHARME. (*Roses* de semis.)

Cet habile rosemane avait une série de Roses d'un bel éclat et d'une grande vigueur. Il a su employer un excellent terrain. Il fait un choix sévère des sujets, et il emploie une modification très avantageuse de la greffe en écusson. Deux de ses roses, obtenues de semis, étaient extrêmement tranchées. L'une, qu'il nomme *l'Inflexible*, a de forts et très rigides rameaux, terminés par 2 à 3 grosses fleurs roses, pommées comme la rose à *cent feuilles*. Elle est restée pendant toute l'Exposition sans s'ouvrir davantage; elle était d'un aspect très remarquable. La seconde est ce qu'il nomme *le Soleil d'Austerlitz*; c'est aussi une variété extrêmement prononcée et d'un beau pourpre. A demi épanouie, elle est des plus distinguées. Nous félicitons M. LACHARME de ces deux magnifiques produits; il sera rarement plus heureux. *(Voir en outre le 19e Concours.)*

2e Médaille d'argent au n° 29. — M. PELLISSIER. (Semis de *Roses*.)

Ce modeste horticulteur a obtenu une belle variation qui lui a mérité la seconde médaille d'argent. Nous la publierons dans le numéro de juillet. C'est, dit-il, l'hybride la plus parfumée de toutes celles de cette section. Il l'a nomme *Victoire d'Austerlitz*. Elle sera mise en vente cet automne.

Nous indiquons les variations principales qui accompagnaient cette charmante forme.

Reine de la Guillotière.
Clémence Seringe.
Marquise Boccella.
Comte de Paris.
Lady Peel.
Baronne Prévot.
Prince de Galles.
Emma Dampierre.
Ernestine de Barante.
La Reine.
Duc d'Alençon.
Reine des îles Bourbon.
Comte d'Eu.
Souvenir de la Malmaison.
Paul Joseph.
Menoux.
Lamartine.
Eugénie Desgaches.
Edouard Desfossés.

3e *Prix.* — Médailles de bronze à celles qui approcheront le plus des précédentes, au n° 27. — M. J.-B. GUILLOT. (*Roses.*)

La collection de ce zélé rosemane se distinguait non-seulement par sa fraicheur, mais aussi par le groupement de ses Roses. Cette disposition, peut-être moins favorable aux contrastes, offrait le grand avantage d'étudier les rapports que présente actuellement ce dédale, peut-être inextricable. *(Voir plus loin au 19e Concours.)*

2e Médaille de bronze au n° 24. — M. BOUCHARD-JAMBON. (*Calcéolaires.*)

Cette collection était d'une grande fraicheur, malgré la difficulté que présente ce genre pour le transport. Ce sont des plantes qu'il faut voir dans la serre de M. BOUCHARD, où l'air est parfaitement calme, et où la délicatesse de ces plantes n'a éprouvé aucune atteinte.

1re Mention honorable au n° 28. (M. NÉRARD aîné.)

Nous n'en avons pas trouvé de catalogue.

2e Mention au n° 26. — M. Léon LILLE. (Semis de *Pensées.*)

Cette collection était nombreuse, mais nous avons vu depuis de ses produits qui étaient plus remarquables.

DEUXIÈME CONCOURS.

Roses fleuries en vases.

Il est fâcheux que nos rosemanes ne veuillent pas se décider à tenir un certain nombre de rosiers en vase. Malgré que leurs fleurs soient moins belles lorsque les racines sont renfermées dans un petit espace, elles se vendraient tout comme à Paris. Beaucoup de personnes veulent jouir de suite et ne pas attendre la fleuraison d'une variété qui, peut-être, sur le seul nom, ne répondra pas à leurs désirs.

TROISIÈME CONCOURS.

Médaille d'argent à la collection de plantes variées de serre ou d'orangerie, qui contiendra au plus soixante-et-quinze espèces ou variétés les plus nouvelles et les mieux cultivées, au n° 8. (M. Etienne ARMAND.)

Le genre de culture auquel se livre notre ardent collègue, mériterait des encouragements spéciaux, vu les frais que nécessitent des collections semblables à celle qu'il a présentée à cette Exposition. La botanique y trouverait de nombreux sujets d'observations utiles, et on n'y verrait pas éternellement les innombrables variations auxquelles on attache souvent trop d'importance. On remarquait avec plaisir, dans cette collection, de vraies et nombreuses espèces botaniques élégantes.

Parmi elles se trouvaient :

Bégonie tachetée (1).
Dacridie cyprès (2).
Dracophylle de Hugel (3).
Eranthème toujours fleuri (4).
Gaulthérie bractéée (5).
Gesnérie verticillée (6).

---

(1) *Begonia maculata* (Raddi), *B. argyrostigma* (Link), *B. punctata* des jardiniers. C'est le premier de ces noms qu'il faut adopter. Nous indiquerons, le plus souvent, la synonymie des plantes, afin de donner aux horticulteurs le moyen d'éviter des méprises soit involontaires ou surtout volontaires.

(2) *Dacrydium cupressinum* (Banks), prononcez Beinks. — *Thalamia cupressina* (Sprengel). Végétal très remarquable de la famille des Conifères, section des Taxinées, par L.-C. RICHARD, et dont ENDLICHER a formé celle des Taxinées. C'est une plante de la Nouvelle-Zélande, à rameaux lâches, arqués et très élégants. Elle a remporté la 1re médaille de bronze au 18e concours.

(3) *Dracophyllum Hugelii*. Plante nouvelle d'orangerie.

(4) *Eranthemum semperflorens* (Roth). Plante de la famille des Acanthacées, qui a probablement encore pour synonyme *E. strictum*.

(5) *Gaultheria bracteata* (Don), *Andromeda bracteata* (Cavanilles).

(6) *Gesneria verticillata* (Cavanilles).

Gloxinie hybride (7).	Siphocampile luisant (12).
Ixore écarlate (8).	Staticé pubérulent.
Luxemburgie ciliée (9).	Strophanthe dichotome (13).
Marianthe ponctué de bleu (10).	Struthiole dressée (14).
Siphocampile écarlate (11).	Torénie asiatique (15).

Plusieurs belles Orchisacées, placées sur des troncs d'arbres où elles habitent comme fausses parasites. De nombreuses Bruyères, des Rhododendron, etc., etc.

2e *Prix*. — Médaille de bronze à la collection qui approchera le plus de la première, au n° 13. (M. LIABAUD.)

Cet horticulteur, qui a succédé à M. **MILLE** (montée de la Boucle, à la Croix-Rousse), a présenté quelques très beaux individus. *Lis élevé* (16), à fleurs jaune très pâle, et plusieurs autres belles espèces non fleuries (17); plusieurs *Amaryllis* (18); un *Nerium Mabire;* plusieurs *Kalmies*, et particulièrement celui à *feuilles d'olivier* (19).

---

(7) *Gloxinia hybrida* des jardiniers. C'est probablement une variété ou une simple variation.

(8) *Ixora coccinea* (Linné), *I. grandiflora* (A. P. de Candolle), *I. obovata* (Heyne), *I. propinqua* (R. Brown). Fort belle plante qui a été couronnée pour sa belle culture.

(9) *Luxemburgia ciliosa* (Gardner). Très élégant arbrisseau du Brésil, atteignant 3 à 4 mètres. *Plectandra ciliosa* (Martius).

(10) *Marianthus cœruleo punctatus* (Kiltzch).

(11) *Siphocampilus coccineus* des jardiniers.

(12) *S. nitidus* (Pohl), et *Lobelia nitida* (Presle).

(13) *Strophanthus dichotomus* (A. P. de Candolle), *Echites caudata* et *E. undulata* (Linné), et *Nerium caudatum* (Lamarck et Roxbourg).

(14) *Strutiola erecta* (Linné), *S. erecta*, var. (Thunberg), *S. glabra* (Linné), *S. juniperina* et *tetragona* (Retzius), *S. pendula* (Salisbury), *S. subulata* (Lamarck), genre *Belvala* (Adanson), *Nectandra tetrandra* (Berg), *Pallerina dodecandra* et *tetragona* (Linné), *P. filiformis* (Miller).

(15) *Torenia asiatica* (Linné), fam. Personacées, *T. alba* (Hamilton), *T. cordifolia* et *peduncularis* (Bentham), *T. diffusa* (Don), *T. hians* et *T. vagans* (Roxb), *T. hirsuta* (Hamilton), *Bonnaya elata* (Sprengel).

(16) *Lilium excelsum* des jardiniers.

(17) *L. atrosanguineum, L. superbum, L. pyramidale, L. lancifolium punctatum, album* et *rubrum*.

(18) *Amaryllis marmorata, A. spectabilis, A. bicolor, A. marginata, A. aurantiaca*.

(19) *Kalmia oleæfolia*.

QUATRIÈME CONCOURS.

Des médailles en argent et des médailles en bronze seront décernées aux collections de genres dans lesquelles le Jury aura remarqué les espèces ou les variétés les plus belles, les plus nouvelles et les mieux cultivées. Ces genres ou ces familles sont les suivants :

50 *Opontiacées*, fleuries ou non fleuries.

CINQUIÈME CONCOURS.

80 *Calcéolaires*.

SIXIÈME CONCOURS.

80 *Cinéraires*.

4e, 5e et 6e Concours ouverts aux *Opontiacées*, aux *Calcéolaires* et aux *Cinéraires*. Il n'y a point eu d'exposants.

SEPTIÈME CONCOURS.

50 *Fuchsia*. — Médaille de bronze au n° 19. (M. J.-B. Guillot.)

Cette collection présentait, parmi un grand nombre de variétés notables, les *Fuchsia* :

Duchesse de Sutherland.
Esmeralda.
Excelsa.
Napoléon.
Scaramouche.

HUITIÈME CONCOURS.

100 *Pelargonium*. — Médaille d'argent au n° 17. (M. Boucharlat aîné.)

Sa collection présentait une fleuraison admirable. Tous ses individus étaient fort bien taillés, très beaux de forme; les pédoncules des ombelles étaient tous élevés à la même hauteur, et la verdure vigoureuse. Tout indiquait un horticulteur soigneux, intelligent, éclairé, et qui se voue avec bonheur à cette belle spécialité.

Médaille de bronze au n° 9. (M. LIABAUD.)

Cette collection de *Pelargonium* renfermait aussi de belles choses; elle méritait bien d'être récompensée. On voyait seulement que les plantes n'avaient pas été placées assez près de la lumière, et qu'elles s'étaient un peu allongées. Il leur est arrivé ce qui doit nécessairement avoir lieu, quand on n'a pas une serre particulière pour cette spécialité, et qu'on ne peut tenir les vases assez près des vitraux.

1re Mention honorable au n° 14. (M. Frédéric WILLERMOZ.)

2e Mention au n° 18. (M. J.-B. GUILLOT.)

Nous devons aussi remercier nos deux collègues de leur zèle. Leurs collections étaient belles, et riches de couleurs variées; elles offraient de belles formes; mais on remarquait aussi que leurs plantes avaient été un peu trop éloignées de la lumière.

NEUVIÈME CONCOURS.

50 *Pensées.*

DIXIÈME CONCOURS.

60 *OEillets.*

ONZIÈME CONCOURS.

30 *Petunia.*

Ces trois concours n'ont eu aucune présentation.

DOUZIÈME CONCOURS.

80 *Verbena.* — Médaille de bronze au n° 16. (M. BOUCHARLAT aîné.)

Quatre des variétés de cette nouvelle collection offraient une grande élégance; c'étaient :

La Reine des Français.	Hébé.
Comte de Paris.	Impératrice Joséphine.

Les pétals de plusieurs des autres ne s'épanouissaient pas aussi nettement.

TREIZIÈME CONCOURS.

30 *Azalées.*

QUATORZIÈME CONCOURS.

30 *Rhododendron.*

13e et 14e CONCOURS. La température élevée de ce printemps n'a pas permis de prolonger jusqu'à l'époque fixée la fleuraison de ces belles plantes, dont plusieurs de nos horticulteurs auraient eu de nombreux et beaux individus à présenter.

QUINZIÈME CONCOURS.

Médaille d'argent à la collection de soixante-et-quinze espèces ou variétés de plantes vivaces de pleine terre les plus belles et les plus nouvelles.

Il est fâcheux que nos horticulteurs ne tentent pas, plus qu'ils ne le font, la culture des plantes vivaces en vase. Beaucoup de personnes, en les voyant, seraient sûrement envieuses d'en posséder et d'en jouir de suite. Car, par ce moyen, on pourrait, dans toutes les saisons, orner un jardin. On n'aurait qu'à vider le pot de sa motte solide, qui, mise en pleine terre aussitôt et arrosée, ne souffre nullement.

SEIZIÈME CONCOURS.

Médaille de bronze aux dix plus belles plantes que chaque membre est invité à exposer, au n° 15. (M. CROZY, de la Guillotière.)

De beaux et forts individus composaient ce petit groupe :

Dragonier Sang-Dragon (1).	Zamie muriquée (3).
Peirescie à grandes fleurs (2).	Pothos succulent (4).

(1) *Dracæna draco* (Linn.), *D. Yucciformis* (Vandel), *Asparagus draco* (Linn.), *OEdera dragonalis* et *Stœrkia draco* (Crantz), *Palma draco* (Miller).

(2) *Peirescia* (pronoucez *Péreskia) grandiflora* (Haw. et Sering., flor. jard. et grand. cult., 2, p. 468, 1847), *Cereus grandiflorus* (Link.).

(3) *Zamia muricata* (Humboldt et Bonpland).

(4) *Pothos succulenta.*

Cycas circinal (5).	Mais surtout l'élégant et nouveau
Ptérospore à feuille de platane (6).	Lycopode bleuâtre (7).

Cette charmante espèce se distingue de toutes celles qu'on cultive sur les rocailles des serres, par ses feuilles ovales, une fois plus grandes que celles du *Lycopode denticulé*, et par leur vert glauque très marqué. Elle se multiplie très facilement de marcottes, car elle pousse, comme les autres, des racines adventives dans l'air. Cette plante très remarquable est appelée à orner nos serres tempérées dans les lieux humides.

Mention honorable au n° 7. (M. Léon LILLE.)

Nous n'avons pas ce catalogue.

DIX-SEPTIÈME CONCOURS.

Médaille de bronze à la plante la mieux cultivée, au n° 18. — M. Etienne ARMAND. (*Ixora coccinea.*) (Voir le 3e Concours.)

DIX-HUITIÈME CONCOURS.

Médaille d'argent à la plante remarquable la plus nouvellement introduite. — Nul.

Médaille de bronze à celle qui approchera le plus de la première, au n° 8. — M. Etienne ARMAND. (*Dacrydium cupressinum.*) (Voir le 3e Concours.)

2e Médaille de bronze au n° 4 *bis*. — M. C.-Fortuné WILLERMOZ. (*Echeveria fulgens.*)

Ce groupe 4 *bis*, outre la belle *Echevérie éclatante* (8) qui lui a valu une médaille de bronze, à cause de sa nouveauté, était dignement accompagnée d'une *Sipanie* (9) et d'un *Siphocampyle luisant* (10) nouvellement introduits dans les cultures, *Hypocyrte rude* (11), *Bignone faux jasmin* (12), variété rosée.

---

(5) *Cycas circinnalis* (Linn.), *Palma polypodiifolia* (Miller).
(6) *Pterospermum platanifolium* (Loddiges).
(7) *Lycopodium cæsium.*
(8) *Echeveria fulgens* (fam. des Crassulacées).
(9) Genre nouveau.
(10) *Siphocampylus nitidus* (Pohl), *Lobelia nitida* (Presl.).
(11) *Hypocyrta scabrida* ou *strigillosa* (autre nouveauté).
(12) *Bignonia jasminoïdes* (Thunb.), var. *albo-rosea.*

Plantes coupées.

DIX-NEUVIÈME CONCOURS.

Médaille d'argent à la plus belle et à la plus riche collection de cent espèces de Roses nouvelles, au nº 35. (M. J.-B. GUILLOT.)

Rarement l'Exposition a été aussi brillante par ses Roses; mais, plus qu'auparavant, on s'apercevait de leur peu de durée, un vent desséchant les fanait avec une grande promptitude. M. J.-B. GUILLOT avait eu l'heureuse idée de les disposer par sections. On distinguait les suivantes :

Damas.

L'Œillet parfait.

Mousseuses.

Mauget.
Princesse royale.

Bengales.

Citoyen des Deux-Mondes.

Thés.

Pellonia.
Lewson Gower.
Mondor.
Souvenir d'un ami.

Noisettes.

Ophilie.

Ile-Bourbon.

Souvenir de la Malmaison.
Spintarus.
Eugénie Guinoiseau.
Julia de Fontenelle.
Coupe de Cynthie.
De Tourville.
Pauline Bonaparte.
Mme Desgaches.

Hybrides remontantes.

Géant des batailles.
Léonie Verger.
Clémence Ruffin.

Hybrides non remontantes.

Charles Fouquier.
Chendolé.
Léopold de Beaufremont.
Madeline.

Provins.

Joséphine Fouquier.

(La suite au premier Numéro.)

Médaille de bronze à celle qui approchera le plus de la première, au n° 33. (M. LACHARME.)

1re Mention honorable, au n° 37. (M. LAGRANGE.)

2e Mention, au n° 36. (M. GAILLARD.)

M. LACHARME, Voici les variations qui nous ont paru fixer particulièrement l'attention des amateurs :

Provins.

Perle des panachées.

Bengales.

Citoyen des Deux-Mondes.

Ile-Bourbon.

Acidalie.
Deuil du duc d'Orléans.
Menoux.
Souvenir de la Malmaison.

Hybrides à fleurs perpétuelles.

Amanda Patenote.
Baronne Prévot.
Clémence Seringe.
Comte de Paris.
Duchesse de Sutherland.
Marquise Dalisa.
Madame Verdier.
Comte de Montalivet.
Prince de Galles.
La Reine (Laffay).
Mathilde de Jourdeuil.
Madame Louise Favre.
(Ces deux dernières sont encore très nouvelles, et les suivantes seront bientôt mises dans le commerce.)
L'inflexible.
Soleil d'Austerlitz.
(Voir le 1er Concours de cette Exposition.)

Il est à remarquer que ce laborieux horticulteur a une manière que nous lui croyons particulière d'employer la greffe en écusson. Il opère au moment où le bourgeon (œil des jardiniers) est sur le point de se développer. Il fait l'incision transversale du sujet immédiatement au-dessous d'un bourgeon, et il y place l'écusson, sans rien retrancher au-dessus. Le bourgeon placé se développe aussitôt, et celui du sujet qui se trouve immédiatement dessus cesse de croître. En opérant à cette époque et de cette manière, la sève n'éprouve aucun temps d'arrêt. Si le bourgeon transporté ne se développe pas aussitôt, il faut courber la branche qui se trouve au-dessus de lui, et la sève se porte aussitôt sur la greffe.

M. Lagrange, horticulteur, entre autres jolies et fraîches variétés, avait les

Prémices des Charpennes.	Thé mousseux.
Spentarus.	— Mauget.
Thé dévonien.	— Adélaïde.
— niphétès.	

M. Gaillard (de Brignais), parmi ses élégantes Roses, avait :

Amanda (Poten).	Lycas.
Cromatella.	Mardonius.
Hybride Menoux.	Mousseuse Mauget.
Louise Favre.	Reine du matin.

VINGTIÈME CONCOURS.

Médaille de bronze à la collection de soixante-et-quinze espèces ou variétés de plantes de pleine terre, vivaces ou annuelles, au n° 39. (M. Léon Lille.)

Mention honorable au n° 41. (M. C.-Fortuné Willermoz.)

Ces deux horticulteurs avaient une nombreuse collection de plantes de pleine terre, annuelles ou vivaces. Leur groupe abondait en espèces et variétés très fraîches.

VINGT-SIXIÈME CONCOURS.

50 *Iris* et autres plantes bulbeuses.

Médaille de bronze au n° 43. — M. Henri Simon. (*Variétés d'Alstrœmérie, à fleurs changeantes.*) (1)

C'est une nouvelle et élégante acquisition pour nos jardins. Une quinzaine de gracieuses variations attiraient les regards de tous les visiteurs.

VINGT-SEPTIÈME CONCOURS.

Une médaille d'argent est offerte par un amateur, pour le

---

(1) *Alstrœmeria versicolor* (Ruiz. et Pavon), ou *A. aurantiaca* (Don).

plus beau bouquet fait avec ou sans symétrie, par un horticulteur ou un membre de sa famille.

Le Jury a cru, dans son appréciation, ne devoir décerner qu'une médaille de bronze au n° 57. (M. NÉRARD.) D'après cette décision, le donataire a déclaré maintenir le prix d'une médaille d'argent pour la première Exposition.

Il est bien à désirer que cette partie de l'horticulture se perfectionne dans notre ville, où elle deviendra une source de douce jouissance pour nos dames et de bien-être pour nos bouquetières.

VINGT-HUITIÈME CONCOURS.

Médaille de bronze aux plus beaux et aux plus nouveaux fruits de la saison, au n° 51. (M. BONNEFOIS.)

Une grande diversité de fraises et de cerises formait ce joli groupe qui dénote le bon choix des fruits que possède ce pepiniériste.

Mention honorable au n° 49. (M. POINAT.)

Cet exposant n'avait présenté qu'une corbeille de fraises, mais elles étaient d'une grande beauté.

TRENTE-UNIÈME CONCOURS.

Des médailles d'argent et des médailles de bronze seront décernées, s'il y a lieu, aux exposants qui auront présenté des instruments d'horticulture remarquables, des dessins et des gravures de fleurs, de fruits, des plans de jardin, ou autres objets d'un rapport direct avec l'horticulture.

Une médaille d'argent a été décernée au n° 56. — M. MATHIAN. (*Thermosiphon.*)

Cette chaudière de thermosiphon présente une heureuse innovation. Elle multiplie la surface chauffée, et l'eau contenue entre des parois très rapprochées les unes des autres est rapidement mise en mouvement par la chaleur.

Une médaille de bronze au n° 53. — M. GROBON. (*Dessins de fleurs.*)

2e Médaille de bronze au n° 54. — M. DUCHÈNE. (*Gravures coloriées.*)

Ces deux artistes pleins de zèle font des progrès remarquables, et parviendront à vaincre des difficultés que ces genres de travaux présentent.

Une médaille de bronze est décernée, à titre de récompense et d'encouragement, au n° 50. — M. NOYÉ. (*Différentes préparations de Pommes de terre et de Châtaignes.*)

Ces diverses préparations de pommes de terre sont les plus simples, les plus faciles à conserver de toutes celles qui ont été employées jusqu'à ce jour. Elles sont appelées à recevoir de nombreuses applications pour l'alimentation des marins, et si le fléau qui a atteint ces tubercules depuis deux années se renouvelait, on trouverait dans cette préparation un moyen précieux de conservation en en transformant un grand nombre en vermicelle aussitôt l'apparition de la maladie.

Deux exposants, MM. HAMON et LUIZET, faisant partie du Jury, ont cru devoir, en cette qualité, se retirer des concours.

Un troisième exposant, M. VILLARD, ornemaniste, n'ayant pu remplir les conditions du programme, a dû être mis hors de concours.

Il est fâcheux que cet actif et laborieux industriel n'ait pas rempli à temps les conditions du programme, car ses bancs demi-circulaires, ses élégantes chaises de jardin, ainsi que ses tables en tôle peinte auraient mérité des encouragements. Tous ces meubles de jardin sont d'un goût exquis : on n'a pu examiner à temps les pompes qu'il avait présentées.

Quelques personnes étrangères à la Société ayant demandé l'autorisation d'exposer des objets de leur industrie, M. le professeur LECOQ, de Clermont, a présenté de fort beaux *Vases* en poterie de kaolin rose; M. DERVIEU, de Pierre-Bénite, un *Pressoir* à double pression; et M. H. PARISEY, un *Plantoir* pour le reboisement des montagnes.

Rose Victoire d'Austerlitz

Rose Victoire d'Austerlitz. (PELLIS.) (1)

Cette magnifique variété, très remontante, est de la forme et de la couleur de la *Rose à cent feuilles*. Ses rameaux sont fermes, chauves, le plus souvent garnis d'aiguillons (2) droits, coniques, pointus, assez nombreux, surtout sur les jets stériles, horizontaux. **Feuilles** d'un vert un peu gris, de grandeur variable. **Folioles**, 3-5, ovales un peu inégalement et assez largement dentées, légèrement teintées de pourpre dans leur jeunesse. **Stipules** étroites, adhérentes au pétiole dans presque toute leur longueur, et à sommet étroit et presque horizontal. **Pédoncule** de 1-3 fleurs grandes et d'un beau rose. **Pédicelles** gros, courts, fermes, lisses, terminaux. **Bouton** court, sphérique. **Sépals** unis inférieurement en tube peu marqué ; lames 2 entières lancéolées et 3 foliacées. **Pétals** très nombreux, élégamment enlacés les uns dans les autres.

Cette belle Rose, dont nous avons vu des exemplaires à l'Exposition de juin de la Société d'horticulture pratique du Rhône, était encore parfaitement fleurie, et en outre en jeunes boutons à la fin de juillet. Elle a obtenu, à cette 1re époque, une médaille en argent. M. PELLISSIER, horticulteur à la Guillotière (Lyon), l'a obtenue de graines de la Rose Mme *Laffay*. Elle sera mise en vente cette automne en forts individus.

Remarques sur les Rosacées.

Voici quels sont actuellement les caractères et la synonymie des ROSACÉES (Bartl.) (3), réduites au seul genre *Rose* (4).

---

(1) M. PELLISSIER, horticulteur à la Guillotière, désire avoir les catalogues des personnes qui s'occupent de ce genre, afin de faire des échanges et des achats.

(2) Le rameau floral dessiné n'en avait pas dans sa partie supérieure.

(3) § 2 des *Rosacées*. Ventenat, tableau du règne végétal, vol. 3, p. 338 (1799). — Section 2 des Rosacées de Antoine-Laurent de Jussieu, genera plantarum, p. 335 (1789). — Tribu 7 des Rosacées, Augustin Pyrame de Candolle, prodromus, vol. 2, p. 596 (1825), et enfin Rosacées, Bartling, ordines naturales, p. 400 (1830).

(4) Voir l'article *Rose* de la livraison de juin 1847, dont voici la suite.

Arbrisseaux souvent armés d'aiguillons plus ou moins marqués. — **Racines** peu rameuses. — **Tiges** quelquefois sarmenteuses. — **Feuilles** composées-pennées avec une foliole impaire (rarement à une seule foliole terminale); folioles dentées, à fibres pennées; stipules foliacées, adhérentes au pétiole. — **Fleurs** régulières, disposées en cimes lâches, accidentellement solitaires ou axillaires, accompagnées de bractéoles dues à des feuilles réduites à leur stipule, ou, parfois aussi, à leur foliole terminale. — **Pédicelle** souvent glanduleux ou aiguilloneux. — **Sépals** unis au moins dans leur moitié inférieure en un tube obovoïde ou sphérique, rétréci au sommet, dans les fleurs simples, et dont les lames sont ovales, plus ou moins foliacées irrégulièrement bord sur bord (dans le bouton), persistants ou tombants à la maturité. — **Pétals** 5, alternes avec les sépals, roses, blancs, ou plus rarement jaunes irrégulièrement bord sur bord, se désarticulant facilement à leur onglet, dont la plus grande portion tapisse le tube des sépals. — **Étamines** très nombreuses, infléchies d'abord, adhérentes par leur base à toute la face interne du tube, persistantes, s'accroissant, par leur base, avec celles des étamines, pour former, avec le tube lui-même, la partie charnue qui la tapisse, tandis que la partie libre des filets ainsi que les anthères se fanent sur place. Anthères presque circulaires, portant, sur les bords de la dorsale élargie, leurs loges demi-circulaires, qui s'ouvrent en dedans, et dont le filet s'implante à leur dos. — **Carpels** nombreux, libres, très coriaces, à carpes oblongs, surmontés chacun d'un style qui les égale au moins en longueur, et est terminé par le stigmate qui atteint l'orifice du tube commun ou le dépasse. — **Graine** solitaire et pendante, restant constamment et étroitement environnée de son carpe coriace. — Ce qu'on nomme improprement fruit dans cette famille est le tube des sépals devenu charnu, ainsi qu'une partie des onglets des sépals et de la base des filets; mais les véritables fruits sont ces corps oblongs et très durs qui se trouvent au centre et qu'on regarde vulgairement comme les graines.

Eug. Grobon pinx.

Duchêne sculp.

Calcéolaire festonnée.

Imp. de Fugère

TROIS VARIATIONS DE LA CALCÉOLAIRE FESTONNÉE.

Calceolaria crenatiflora.

N° 1. Lèvre inférieure presque circulaire-lenticulaire, d'une grande dimension, rose, largement bordée d'une bande jaune pâle, sans aucune ponctuation. Dents de festons peu marquées, de 8 à 12, dont les sinus répondent à autant de lignes déprimées d'un rose plus intense, qui commencent près de l'orifice du tube des pétals.

N° 2. Lèvre inférieure presque quadrilatère, d'un beau pourpre clair, sans aucun mélange et sans aucune ponctuation. Festons peu marqués, environ 5, et d'autant de lignes déprimées descendant de l'orifice, et à peine plus foncées que le reste de la lèvre inférieure. Ces deux belles variations ont été obtenues dans les serres de M. Bouchard-Jambon.

N° 3. Lèvre inférieure presque quadrilatère, pourpre orangé, relevée de ponctuations pourpre foncé, disposées par lignes descendantes inégales, légèrement teintée de jaune à l'orifice. Festons 3-5, peu marqués. Cette variation a été obtenue dans les serres de M. P. Reverchon. Ces deux amateurs possèdent deux délicieuses collections de cette charmante espèce, qui affecte les formes, les couleurs, les panachures les plus élégamment capricieuses.

CALCÉOLAIRE FESTONNÉE.

Calceolaria crenatiflora (CAVAN.)

Plante herbacée, vivace, mais le plus souvent bisannuelle dans nos contrées, garnie de poils longs et mous assez nombreux, haute de 60 à 80 centim. **Feuilles** inférieures ovales, grandes, molles au toucher, disposées en larges rosettes d'abord, à dents inégales écartées ou peu marquées, à fibres distantes, arquées et ascendantes, disposées en panicule déprimée et étalée. **Sépals** triangulaires, lancéolés, étalés. **Fleurs** grandes, ordinairement ponctuées de rouge orangé. Lèvre inférieure creusée longitudinalement de trois lignes parallèles et relevées inférieurement de quatre à huit larges festons très obtus. **Carpels** 2, vésiculeux.

Cette belle espèce, qui s'est prêtée plus qu'aucune autre aux diversités de formes dans sa lèvre inférieure, a aussi, pour les fleuristes, une grande tendance à varier de couleurs. Elles ont besoin d'être tenues en serre tempérée hiver et été, car leurs pédoncules, très faibles, se froissent facilement. Il faut, pour obtenir une belle fleuraison, qu'elles soient placées sur les gradins d'une serre modérément éclairée, et où l'air ne soit jamais agité. Dehors, leurs fleurs se froisseraient facilement, leurs énormes chaussons seraient bientôt pleins d'eau et entraîneraient la panicule. Cette élégante mais très délicate plante, spontanée au Chili, en a été rapportée (en graine) par ANDERSON et CUMING, en 1833. Les graines mûrissent facilement et peuvent être semées, aussitôt leur maturité, en terre de bruyère. Elles pourrissent aisément pendant l'hiver, si elles sont tenues trop humides. Replantées au premier printemps, chacune dans un petit vase, on attend qu'elles fleurissent pour faire son choix, et dans un grand nombre d'individus, on n'en trouve souvent qu'un très petit qui soit distingué par la forme de leur lèvre inférieure (chausson) et par ses teintes élégantes et fraîches. Celles-ci peuvent, dans cet état, être bouturées, et alors seulement on est à peu près sûr d'avoir les mêmes variations.

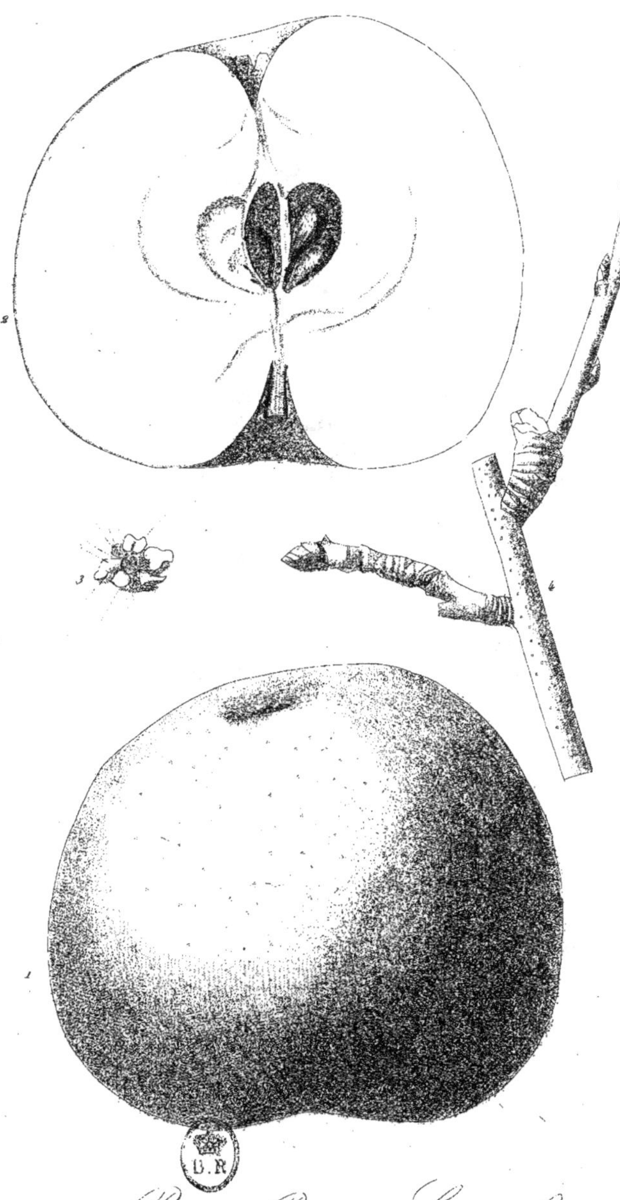

Eug. Grobon pinx.

Duchêne sc.

Pomme Reinette Curvet C.

POMME CUSSET.

Arbre peu élevé, tardif et fécond. **Écorce** d'un rouge brun tacheté de lenticelles blanches. **Bourgeons à feuilles** pointus, aplatis. **Bourgeons à fleurs et à feuilles** d'un brun noirâtre, renflés, pointus. **Feuilles** ovales, dentées, vert pâle, et comme cotonneuses en dessous; celles des bourgeons mixtes et de la base des rameaux de feuilles plus allongées et plus étroites à leurs extrémités, persistant longtemps après celles des autres variétés. **Pétiols** de 4-5 centim., rougeâtres, ainsi qu'une partie des principales fibres. **Fleurs** grandes, nombreuses. **Fruit** sphéroïdal, peu déprimé, naissant par bouquets, à peau très fine, lisse, très brillante, d'un vert jaune, souvent coloré d'un rouge vif du côté le plus éclairé, marqué de points blanchâtres sur le rouge, légèrement teinté de roux et parfois verdâtre du côté de la base; orifice du tube enfoncé et contracté. **Chair** blanche, fine, sucrée, moins acide que dans les Reinettes. **Graines** rousses, plus foncées à leur base et souvent solitaires dans chaque loge.

Cette bonne Pomme, qui se conserve longtemps, souvent au-delà de mars, ne se ride pas. L'arbre a été trouvé vers la fin du siècle dernier, dans une haie, à Combassanpu, commune de Poleymieux. Il portait d'abord le nom du territoire où il fut découvert, mais on lui a donné, plus tard, le nom du jardinier qui l'a trouvé, CUSSET, dont les petits-fils habitent encore Poleymieux. Cet arbre est tellement tardif qu'il paraît mort quand tous les autres sont couverts de fleurs. Aussi est-il rare que les gelées en détruisent les fleurs. Les branches sont très droites, mais, comme l'arbre est très fructifère, la grande quantité de fruits qu'il porte les fait incliner. Cet élégant fruit est commun à Poleymieux et à St-Cyr. On le greffe ordinairement sur franc, malgré qu'il réussisse aussi bien sur paradis. On en a vu de jeunes individus porter fruit, quoique en vases. La *Pomme* CUSSET est l'une des meilleures Pommes et l'une des plus jolies. Fraîchement cueillie, elle est si brillante qu'elle semble être de cire. On peut s'en procurer de jeunes arbres chez tous nos horticulteurs lyonnais. Elle a été moins bien figurée dans l'*Herbier général de l'Amateur*.

EXPLICATION DE LA PLANCHE.

1. Fruit de grandeur naturelle.
2. Le même coupé longitudinalement.
3. Orifice du tube commun, dont les lames des sépals sont desséchées.
4. Rameau présentant, à gauche, un bourgeon à fleur et à feuille (ou mixte), et à droite des bourgeons à feuilles.

Dr HÉNON.

Remarques sur la famille des Pomacées.

(Suite.)

Les cinq portions libres des sépals cessent de croître après la fleuraison, et, quelques mois plus tard, elles se raccornissent successivement et forment la rosette qui termine le fruit et que les jardiniers nomment *œil*.

En dedans de l'ouverture du tube et entre les lames des sépals, sont placés les pétals, que, collectivement aussi, mais sans aucune utilité, on avait nommé *corolle*. Ces **Pétals** semblent naître de cet orifice, mais réellement ils se prolongent jusqu'au fond de la fleur. Ils sont adhérents (collés) au tube, mais se désarticulent au-dessous de la lame qui est de peu de durée, tandis que toute la base concourt à former la chair de la pomme. Plus en dedans encore sont de trois à dix rangs de cinq **étamines** chacun. Une partie de leurs filets est aussi collée à la face interne du tube, et concourt puissamment à produire la chair du fruit que nous étudions. La partie libre des filets (de ces étamines) se sèche sur place, ainsi que les têtes qui les terminent (qui sont les anthères), et on les trouve souvent encore en place bien au-delà de l'époque de la maturité.

(La suite à un autre Numéro.)

1 Pelargonium M.me Surie 2 P. M.lle de Castellane 3 P. M.r Seringe

Pelargonium cucullatum. (AIT.)

PELARGONIUM EN CAPUCHON.

Variation 1. Madame JURIE.
— 2. Marquis de CASTELLANE.
— 3. Monsieur SERINGE.

---

1. **Pelargonium Mme Jurie.** (BOUCH.) (1)

Feuilles pointues, réniformes-circulaires, à peine lobées, rigides, très ondulées, à dents très régulières, presque obtuses. — **Pétiole** un peu comprimé de haut en bas. — **Fleurs** de 6 centim., à éperon moitié moins long que le pédicelle, 3 pétals inférieurs rose violeté, ovales oblongs, plus pâles à leur base, 2 supérieurs très larges, rose foncé, légèrement ondulés; palmette pourpre n'atteignant pas les bords, et recouverte d'une large tache noir pourpré presque circulaire.

2. **Pelargonium Mis de Castellane.** (BOUCH.)

Feuilles de moyenne grandeur, réniformes-circulaires, ondulées, lobées, très obtuses et peu marquées, dents assez petites, pétiole comprimé, mince. — **Fleurs** de 5 centim. et demi, éperon plus long que la moitié du pédicelle. — **Pétals** inférieurs 3, obovales oblongs,

---

(1) M. BOUCHARLAT aîné, à la Croix-Rousse, grande rue Coste, près la Boucle. Ses *Pelargonium* nouveaux seront disponibles chez lui au printemps de 1848.

blancs, à peine teintés de lilas par une fibration mince imperceptible mais lilacée, les 2 supérieurs irrégulièrement obovales, blanc violeté; palmette pourpre lilacé, très marquée à la base du côté extérieur, presque nulle en dedans, largement surmontée d'une belle tache pourpre foncé au centre, s'étendant en carmin lilacé à sa circonférence.

3. **Pelargonium Mr Seringe.** (BOUCH.)

Feuilles très grandes, circulaires-réniformes, à 7 lobes marqués, très ondulés et à dents larges, peu nombreuses et triangulaires; pétiole comprimé de haut en bas. — **Fleurs** très grandes, de 7 centimètres de diamètre. — **Pédicelle** allongé; éperon plus long qu'à l'ordinaire dans l'espèce et peu distinct du pédicelle. — **Pétals** inférieurs ovales-circulaires, rose-lilacé, et 2 supérieurs circulaires, très grands, carminés; palmette peu rayonnante, presque recouverte par une tache pourpre très foncé.

Remarques sur le genre Pelargonium.

Les espèces de ce beau genre sont cependant loin d'être aussi nombreuses que quelques auteurs, surtout les fleuristes, le pensent. Malgré que A.-P. DE CANDOLLE en ait décrit près de 400 dans son *Prodrome* et que ce nombre se soit encore accru depuis, il est probable qu'il en existe à peine 200 vraies espèces botaniques. Ce savant, qui ne pouvait étudier ce genre en monographe, a dû être entraîné par quelques auteurs d'ouvrages horticoles, dans lesquels on ne cherche pas à apporter une critique assez sévère. Il faut bien aussi en convenir, ce travail serait à peine possible à un botaniste-horticulteur, s'il avait toutes les figures des prétendues espèces jardinières.

Malgré les grandes difficultés que ces recherches présentent, il faut cependant bien commencer à rapporter à leur véritable place les variations jardinières.

La pratique a démontré à M. Boucharlat que les semis de Pelargonium du printemps sont préférables à ceux de l'automne. Il avait récolté, en 1845, 2,400 graines. Il en sema la moitié en automne; les 1,200 autres ne le furent qu'en mars 1846. Il n'a obtenu qu'environ 400 individus du semis d'automne et 1,100 de celui du printemps. Le semis d'automne a paru d'abord plus fort, mais celui du printemps a bientôt pris le dessus, et les individus ont fleuri tous les deux en même temps. Outre qu'il a obtenu presque le triple d'individus au printemps, ce semis lui a présenté des variations bien plus distinguées. M. Boucharlat va répéter cette expérience, cette année, que la fructification des Pelargonium est magnifique; il a même l'intention de garder quelques graines plus longtemps, car il soupçonne qu'en ne semant que quelques années après la récolte, il aura une germination plus abondante et plus belle. Le semis du printemps offre jusqu'à présent de grands avantages : 1° on n'a pas à soigner, pendant huit mois défavorables à la végétation, un grand nombre de jeunes plants; 2° les variations sont plus parfaites; 3° la germination est bien plus assurée; 4° les plantes résistent beaucoup mieux à l'hiver, existant déjà depuis six à sept mois, au lieu de deux, si l'on sème en automne; 5° on est obligé de soigner, pendant trop longtemps, un grand nombre d'individus dont on reconnaît trop tard la valeur; 6° ils occupent une place qu'on pourrait utiliser bien plus avantageusement.

Les soins que donne notre collègue à sa culture d'affection, font toujours remarquer les Pelargonium qu'il expose. Il les obtient généralement courts, en les plaçant, l'hiver, très près des vitraux de la serre, en les arrosant peu, et en élevant peu la température. Si l'on ne les tient pas un peu courts, ils acquièrent bientôt une grandeur qui ne permet plus de les placer sur un gradin; ils ne sont beaux que jusqu'à la troisième ou quatrième année; alors il faut les remplacer, dans les collections, par des boutures. S'ils sont trop hauts, on les disposera en massifs, en enterrant les vases dans du sable à grains anguleux, afin que les vers ne puissent pénétrer dans les pots.

Si le bouturage n'avait pas facilement réussi, on aurait eu recours à la greffe, que quelques horticulteurs ont déjà pratiquée. M. MILLE, à Lyon, l'avait anciennement employée, mais il l'a abandonnée, les individus greffés, de plusieurs variétés ou surtout de plusieurs espèces, offrant un aspect peu agréable par l'inégalité que chacun d'entre eux prenait dans le développement de ses rameaux, et par la grande différence de leur durée. M. MÉLINE, jardinier en chef du jardin botanique de Dijon, en a aussi greffé depuis quelques années. Il fait choix d'un sujet ramifié et vigoureux, coupe l'extrémité des rameaux, et *greffe en fente à l'état herbacé*. Il greffe autant de variétés qu'il y a de rameaux susceptibles de les recevoir, et il lie avec de la laine. Il place l'individu dans la tannée, et le recouvre d'une cloche pendant sept à huit jours, pour avoir une petite atmosphère peu variable. Cet horticulteur a aussi transporté, sur le même individu, non-seulement des variétés, mais même des espèces botaniques bien distinctes. M. V. PAQUET conseille, au lieu d'employer la greffe en fente, de tailler l'extrémité d'un rameau en biais, ainsi que la greffe, et de les affleurer l'un à l'autre au moyen d'un lien convenable. M. BOUCHARLAT a aussi pratiqué cette greffe oblique pour rétablir des individus faibles. On pourrait peut-être l'utiliser pour connaître plus vite la valeur des semis.

La pluie, le vent nuisent beaucoup aux *Pelargonium* fleuris; ils les froissent beaucoup. Une serre dont on aurait enlevé les châssis, et qui seraient remplacés momentanément par des grillages métalliques mobiles, à grosses mailles, recouverts, au besoin, de châssis garnis de papier huilé, seraient bien préférables pour jouir plus longtemps de leur fleuraison.

(La suite à un autre Numéro.)

Alstrœmère changeante.

CARACTÈRE DU GENRE ALSTRŒMÉRIE.

Alstrœmeria. (LINN.)

Sépals 3, semblables; lames ovales spatulées, à longs onglets en partie unis par leur base, un peu verdâtres au sommet. — **Pétals** 3, dissemblables, adhérents par leur base au tube commun; les deux supérieurs semblables entre eux, oblongs-linéaires, aigus; l'inférieur oblong et pareil aux sépals. — **Étamines** 6, presque semblables entre elles; filets cylindriques, presque égaux, adhérents au tube commun, et s'engageant au bas des anthères; anthères oblongues, comprimées, obtuses, s'ouvrant en long du côté intérieur. — **Carpels** 3, adhérents à la base des autres organes floraux, et ablamellaires, unis par leurs carpes, leur style, et à stigmates libres, parallèles et ascendants.

QUATRE VARIATIONS DE L'ALSTRŒMÈRE CHANGEANTE.

Alstrœmeria versicolor. (RUIZ ET PAV.)

Variation 1. Blanc lilacé.
— 2. Blanc jaune.
— 3. Orangée.
— 4. Rose.

Plante chauve. — **Feuilles** oblongues-linéaires, flexueuses, aiguës. — **Fleurs** en espèce d'ombelle, très variables de couleur, accompagnées d'une bractéole linéaire au-dessous des fleurs latérales; pédicelle presque aussi long que la fleur. — **Tube commun** formé par la réunion de tous les organes floraux, à six côtes disposées presque en triangle, ainsi que le sommet des pédicelles; une côte supérieure et deux latérales inférieures sont formées par les dorsales des sépals, et les deux latérales supérieures par celles des deux pétals supérieurs, et la côte inférieure occupant le centre de la face inférieure du tube commun, est due à la dorsale du pétal inférieur, moins saillante que les autres. — **Lames des sépals** spatulées, presque obtuses et verdâtres au sommet, semblables les unes aux autres, variables de nuances, mais d'une couleur unique. — **Pétals** 3, les deux supérieurs oblongs, linéaires, plus longs que les sépals, relevés de deux fibres longitudinales, saillantes en dessus, teintés de jaune et de rouge, et relevés de lignes pourpre brun, les unes ascendantes, d'autres divergentes; pétal inférieur plus large que les supérieurs et de même couleur, mais sans lignes pourpres. — **Étamines** 6, plus courtes que le pétal inférieur vers lequel elles sont déjetées; filets brusquement arqués au sommet, de manière que les anthères sont déjetées vers le centre de la fleur. — **Carpels** 3, un supérieur et deux latéraux placés devant les sépals. — **Fruit** obové, à côtes. — **Graines**.....

M. Henri SIMON (1) a reçu du Chili un certain nombre de bulbes de cette élégante espèce, qui ont présenté, ainsi que plusieurs autres, les quatre jolies variations que nous figurons. Il en a obtenu des graines.

(1) Pépiniériste et fleuriste, montée de Balmont, à Vaise (Lyon).

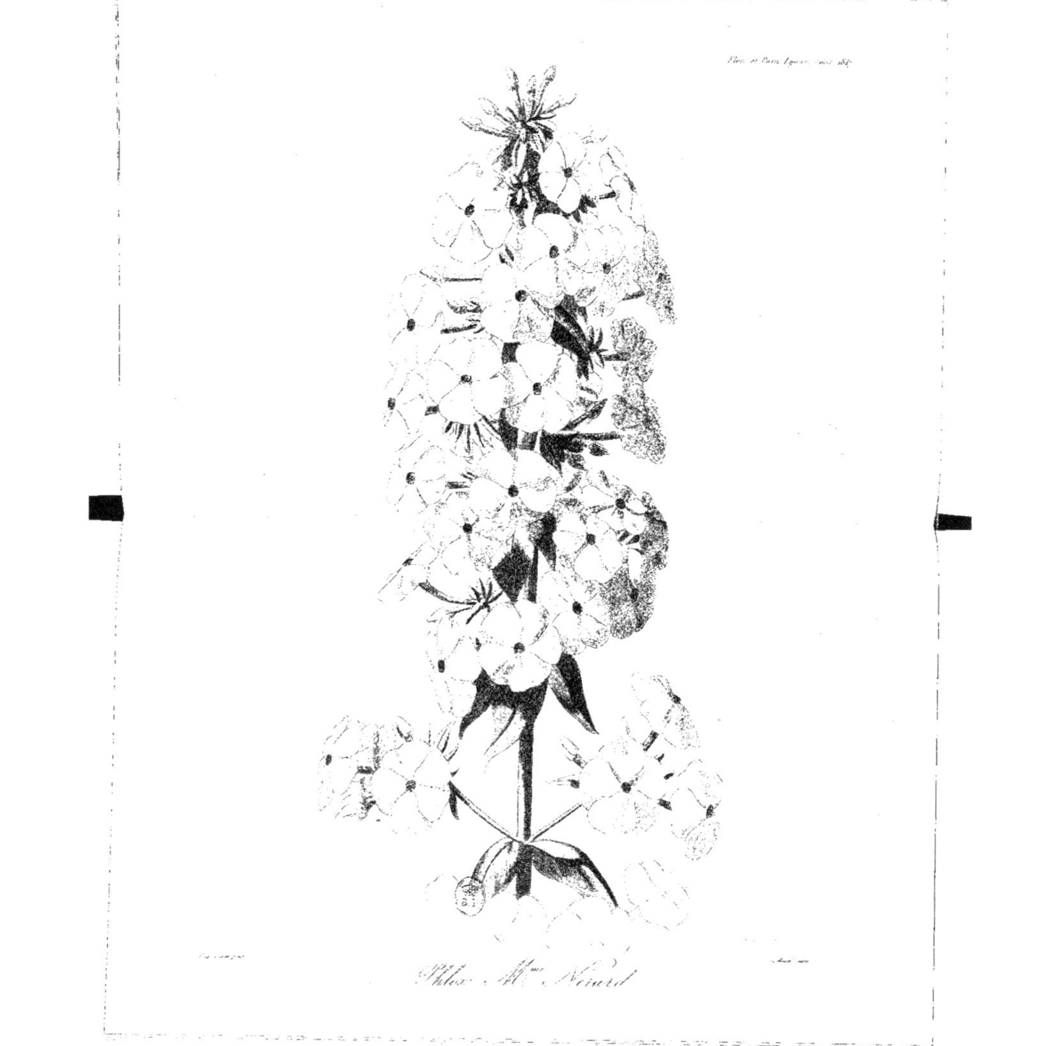

Phlox Mme Reiard

PHLOX Mme NÉRARD.

Phlox glaberrima. (Linn.) *(Variation.)*

Tige forte, cylindrique-quadrangulaire, d'un jaune verdâtre, à peine veloutée sur ses dernières ramifications. — **Feuilles** lancéolées, longuement acuminées, entières, épaisses, à fibres pennées très peu visibles, même par transparence, et chauves, d'un vert à peine lustré en dessus, grisâtres en dessous. — **Pédicelles** courts; bractéoles oblongues-linéaires, aiguës, plus courtes que les sépals. — **Sépals** oblongs-linéaires, acuminés, *verts, à peine membraneux sur les bords,* et presque libres. — **Tube des pétals** carminé, une fois plus long que les sépals; lames circulaires-triangulaires, d'un beau blanc de lait pur, se recouvrant par leurs bords; orifice vivement carminé et formant un cercle nettement limité.

La magnifique panicule cylindrique de fleurs très nombreuses de cette variation, a frappé la Commission de la Société d'Horticulture pratique du Rhône, qui s'est transportée chez M. Nérard aîné, pour voir ses nouveaux semis de *Phlox.* Elle a été unanime pour accorder la préférence sur un grand nombre de belles variations, toutes appartenant au *Phlox glaberrima.*

Cette espèce et le *Phlox acuminé* font, en automne, l'un des plus beaux ornements de nos jardins. Elles sont très rustiques, résistent parfaitement aux hivers de notre climat, et peuvent servir à former de charmants massifs, dont la floraison dure très longtemps, surtout si l'on ne tient point à

en recueillir la graine et qu'on coupe les tiges aussitôt qu'elles sont prêtes à passer fleur. Ce genre ne demande d'ailleurs qu'un peu de terreau, que quelques sarclages et des binages pendant leur jeunesse. Si le massif ne produit plus, au bout de quelques années, d'aussi belles fleurs, il faut transplanter les individus au printemps dans une terre bien préparée, et à une exposition très éclairée sans être trop chaude. Au besoin, on doit avoir recours à des arrosements convenables. Si, d'ailleurs, on voulait disposer en gradin ou en massif les variations du *Phlox acuminé* avec celles du *Phlox très glabre*, les tiges du premier, devenant toujours plus grandes et dont la panicule est beaucoup plus large, doivent être placées dans la partie la plus éloignée de la vue, si c'est en plate-bande vue de face, ou bien au centre, si on les place dans un massif bombé et ovale.

Outre les caractères que nous avons indiqués (*Flor. et Pom. Lyon.*, n° 2, févr. 1847, fol. 11), les *Phlox acuminé* et *P. très chauve*, dont les variations nombreuses font, pendant quatre mois, l'ornement de nos jardins, se distinguent très facilement même en fruit, car il est presque sphérique et presque à découvert dans le *P. acuminé*, les lames étant filiformes et le tube transparent (excepté la dosale), tandis que le *P. très chauve* a le tube demi-opaque, la dorsale beaucoup plus large, et les lames oblongues parallèles et non linéaires (comme dans le *P. très chauve*).

Différences entre le Bourgeon et le Bouton.

L'emploi inexact que les horticulteurs font des mots **Bourgeons** et **Boutons**, nécessite quelques explications à l'égard de ces deux expressions, car elles laissent souvent de l'obscurité dans leur langage.

Le **Bourgeon** est le *rudiment d'une jeune branche à feuilles, ou d'un jeune rameau à fleurs.* On l'observe ordinairement à l'aisselle d'une feuille. C'est là réellement le bourgeon normal. Il en est cependant d'autres qui se montrent soit pendant que les feuilles existent encore sur l'arbre, ou plus souvent après leur chute, et qui occupent les parties latérales de la saillie plus ou moins distincte qui porte cette feuille et le bourgeon de son aisselle; on les nomme **supplémentaires** (**adventifs** ou **tardifs**). Ces derniers bourgeons avortent souvent, mais on les voit se développer surtout si l'on détruit celui qui se trouve à l'aisselle de la feuille. La sève s'y porte alors en plus grande abondance, et ils prennent un développement rapide. Ce sont ces bourgeons supplémentaires qui produisent presque toujours ces petites branches effilées que les horticulteurs nomment *brindilles,* et que l'on coupe ordinairement dans la taille. Ils prennent, au besoin, beaucoup de développement, si on supprime la branche ou la portion de branche qui les domine. (Il existe des bourgeons supplémentaires de deuxième ordre, dont nous nous occuperons dans un autre moment.)

Le rameau présente aussi un bourgeon terminal qui le prolonge s'il ne renferme que des feuilles; mais s'il est à fleurs, il ne s'allonge pas et cesse entièrement de croître après avoir fructifié. Rarement il est accompagné de bourgeons supplémentaires. Dans les lilas et les marronniers d'Inde, on trouve souvent, au sommet d'une branche, trois bourgeons à feuilles, et alors ils donnent naissance à trois branches; mais, souvent aussi, de ces trois bourgeons, les deux latéraux sont à feuilles, tandis que le terminal est mixte (feuilles et fleurs), et à la fin de cette même année, le rameau du bourgeon terminal a cessé de vivre, tandis que les deux latéraux ont continué à croître; alors on trouve ce sommet de l'année précédente fourchu et non à trois pointes.

Presque tous les arbres des régions tempérées ou froides sont munis de bourgeons. Ils sont formés d'un petit axe (branche rudimentaire), qui est garni d'écailles dues à des feuilles ou portions de feuilles déformées. Cet axe s'allonge dans les bourgeons à feuilles, de manière à prendre une étendue variable, suivant les espèces, les localités et les individus. Il est, au contraire, très court dans les bourgeons qui renferment des fleurs.

Les bourgeons qui ne présentent que des feuilles sont nommés **Bourgeons à feuilles** (*B. à bois des jardiniers*); les horticulteurs les désignent aussi sous la dénomination de *œil* ou *yeux*. Les **Bourgeons à fleurs** (*B. à fruits des horticult.*) ne contiennent que les fleurs. Les *Cerisiers à fruits* comestibles et en même temps à bourgeons à fleurs en ombelles (bouquet), offrent les uns et les autres. Les *Cerisiers non comestibles* ou *à grappes* ont des bourgeons à feuilles et à fleurs en même temps (outre les bourgeons à feuilles). Les *Pommiers* et les *Poiriers* sont aussi dans ce cas; on les désigne sous le nom de **Bourgeons mixtes.**

Quand on **greffe par rameau** (ou scions), ou **par éeusson,** on ne place que des **Bourgeons à feuilles** sur le sujet. Ils nomment les jeunes bourgeons tantôt *œil* ou *yeux*, et, d'autres fois, *boutons;* cette dernière dénomination leur est surtout appliquée lorsqu'ils sont à fleurs.

En résumé, le **Bourgeon** est le rudiment d'une jeune branche. Ce **Bourgeon** sera dit **à feuilles**, lorsqu'il ne renfermera que cet organe. Le **Bourgeon à fleurs** sera celui qui ne contiendra que des fleurs; le **Bourgeon mixte,** celui dans les écailles duquel on trouvera des feuilles et des fleurs.

Le **Bouton,** au contraire, ne s'appliquera qu'à une fleur non ouverte. *L'œil, les yeux, le bouton* des jardiniers, les *gemma* et les *hibernacles* seront conséquemment synonymes de **Bourgeon,** dont on indiquera au besoin les parties constituantes (à fleurs, à feuilles, mixtes).

A. Hénon pinx

Duchan.

Chilopsis linearis.

CHILOPSIS LINÉAIRE (VARIÉTÉS A PETITES FLEURS.)

Chilopsis linearis. (ALPH. DE CAND.)

Arbrisseau de 1 à 2 mètres de haut. — **Feuilles** linéaires, aiguës, alternes, entières. — **Fleurs** disposées en grappes contractées (lâches dans la figure donnée dans les *Annales de Flore et Pomone*), accompagnées, à leur base, de trois bractéoles linéaires caduques. — **Lames des pétals** entières, ondulées (dentées et plus grandes dans la figure citée) carminées, surtout sur les trois lames inférieures (d'un rose pâle dans la figure).

Cette jolie plante, dont les graines, provenant du Mexique, ont été données par M. BRIANDAS à M. HAMON, en 1840, a fleuri ces deux dernières années dans le jardin-des-plantes de Lyon. Les lames des pétals ont toujours été entières, plus fortement ondulées l'année dernière que celle-ci. Les taches de carmin intense de la lèvre inférieure sont séparées par des lignes blanches diversement flexueuses; ce que n'a pas non plus la figure donnée dans les *Annales* citées. Malgré ces différences, nous n'osons pas la présenter comme espèce. Les *Annales de Flore et Pomone* annoncent la variété à grandes fleurs comme facile à multiplier par marcottes, mais difficile à supporter le premier rempotage. Elle peut résister à six degrés de froid. Notre variété a toujours été tenue en bonne serre tempérée. Elle n'a pas réussi de bouture de jeunes pousses.

EXPLICATION DE LA PLANCHE.

1. Rameau de la variété, à petites fleurs.
2. Fleur calquée sur la figure donnée par la *Flore et Pomone*, que nous nommons *variété à grandes fleurs*.
3. Fruit copié sur un calque de la *Flore inédite du Mexique*, que je dois à l'obligeance de M. Alph. de Candolle.

NOMENCLATURE. *Chilopsis linearis*, Alph. de Cand., prodr. 9, p. 227 (1845), et fig. dans Flor. Mexiq. inéd. — *C. Saligna*, D. Don, dans Edimb. phil. journ., 1823 (1), n° 18, p. 261, G. Don, Gen. syst. 4, p. 228; Ann. Flor. et Pom., 4, p. 213, avec fig. (avril 1836). — *Bignonia linearis*, Cav., Icon., 3, p. 35, tab. 269 (1794); Willd., spec., 3, p. 290 (1800).

Genre CHILOPSIS.

Chilopsis. (D. DON.)

Boutons ovoïdes, poilus, blanchâtres, garnis de quelques points glanduleux enfoncés et verdâtres, occupant la moitié supérieure; les trois rangées d'organes intérieures plissées transversalement comme dans les Papavéracées. — **Sépals** unis en deux lèvres, trois en haut et deux en bas, souvent peu libres au sommet, ou tellement affleurés qu'on n'aperçoit que deux lèvres sans lobes. — **Pétals** unis, dans leurs deux tiers inférieurs, en tube en forme d'entonnoir campanulé; lames ovales, les deux supérieures ascendantes, les trois inférieures un peu plus grandes, divergentes; orifice du tube présentant, entre les trois pétals inférieurs, deux lignes longitudinales jaunes en relief. — **Étamines** 5, inégales en longueur, la supérieure réduite à son filet, les autres à deux anthères rapprochées par en haut et très écartées par le bas; filets assez gros, cylindriques. — **Carpels** 2, unis par leurs carpes, leurs styles, et à stigmates lamellés, lancéolés, aigus, appliqués face à face. — **Capitel** cylindrique pendant la fleuraison, entouré d'un bourrelet circulaire peu marqué à sa base. — **Fruit** cylindrique, oblong, pendant, un peu plus grand que celui de la *Nérie Laurier-rose*.

---

(1) Quand l'on fait passer une espèce d'un genre dans un autre, on doit, s'il n'y a pas quelque raison majeure, conserver le nom spécifique primitif: nous avons dû adopter le nom de *Chilopsis linearis*, et non celui sous lequel Don l'a désignée *(C. Saligna)*, lors même que ce dernier se trouve antérieur à celui donné par Alph. de CANDOLLE.

Flor. et Pom. Lyonn. Sept. 1847.

Eug. Grobon pinx. | Duchêne Sculp.

Poire Beurré rouge d'Anjou.

Beurré rouge d'Anjou.

Bourgeons à feuilles ovoïdes, pointus, bruns. — **Écorce** des rameaux lisse, luisante, couleur chocolat, munie de quelques lenticelles oblongues, distantes. — **Feuilles** des courts rameaux ovales, de grandeur moyenne, finement et inégalement dentées, à fibres formant un réseau assez fin et très saillant en dessous; pétiole presque aussi long que la lame, cylindrique, à peine creusé longitudinalement; grandes, ovales, acuminées et arquées sur les rameaux à feuilles; à fibres saillantes sur les deux faces (même sur le vivant). — **Pédicelle** de 15 à 16 millim., vert, renflé à sa base et à son sommet, garni de quelques ponctuations olivâtres et rougeâtres inégalement distantes. — **Fruit** gros, court, d'un jaune verdâtre terne à l'ombre, rouge assez foncé mais terne du côté éclairé, portant des points olivâtres assez distants, et, par place, un plus grand nombre de plus petits et plus nombreux ressemblant à de petites glandes sous la peau ; long de 7 centimètres ½ sur 8 à 9 de diamètre, et pesant 240 à 250 centim. — **Tube des sépals** adhérent à la chair. — **Chair** blanche, à peine teintée de jaune, fondante, un peu moins sucrée que les vrais beurrés, mais très légèrement pâteuse, tendant à peine à devenir graveleuse près des carpes. — **Carpes** occupant la moitié de la chair, un peu plus amples, entourant presque les graines d'un brun pâle (mais incomplètement mûres).

Cette belle variation, un peu moins précieuse que les vrais beurrés, est cependant très remarquable. Elle est beaucoup plus précoce qu'eux. Elle a été présentée à la séance du 20 août 1847, par M. LUIZET (d'Ecully). Elle a été goûtée et trouvée bonne et fort belle. Notre laborieux et excellent collègue l'a multipliée, et il pourra en livrer à l'automne de 1848. Voici ce qu'il connaît de relatif à son origine.

En septembre 1838, il visitait feu notre collègue Simon CHAPUY, à Ste-Foy-lez-Lyon, qui lui dit avoir reçu de Paris une collection de Poiriers, dont l'un lui avait donné une superbe Poire, qu'ils mangèrent. Je crois avoir confondu deux *espèces,* lui dit-il, mais les bourgeons que je vous donne proviennent ou du *Beurré Noisette,* ou du *Beurré rouge d'Anjou* (1). Ces bourgeons furent aussitôt greffés par M. LUIZET, sur un arbre en espalier. Ils se développèrent, mais languirent pendant quelques années. En 1844, il en greffa sur le *Madeleine,* ou *Poirier St-Jean;* les bourgeons ont acquis beaucoup de vigueur, et produisirent, en 1846, un beau fruit, et deux cette année 1847; l'arbre a beaucoup de bourgeons à fleurs pour l'année prochaine. M. LUIZET pense que, greffé sur franc ou sur coignassier, il formera un arbre vigoureux. Les bourgeons à feuilles ont de la ressemblance avec ceux du *Poirier* nommé à Lyon *P. à deux yeux.* En résumé, cet arbre produit de beaux et bons fruits dans une saison où nous avons peu de bonnes poires, et il est très fertile. Il remplit donc toutes les conditions nécessaires pour en recommander la propagation.

EXPLICATION DE LA PLANCHE.

1. Rameau à feuilles pris en août.
2. Fruit de grandeur naturelle et sa coupe longitudinale.

---

(1) Nous croyons aussi qu'il ne diffère pas du *Beurré gris-rouge* de quelques jardins.

Eug. Drobon pinx. Duchêne lith.

Rose Ile-Bourbon Rhodante.

Rose rhodanthe. (J.-B. Guill.) (1).

(SECTION DES ILES BOURBON.)

Arbuste à rameaux vigoureux, et fleurissant dans toutes les saisons. **Aiguillons** assez nombreux, forts, courts, comprimés, peu crochus, rougeâtres, très aigus, épars sur les rameaux. **Feuilles** de trois à cinq folioles, épaisses, largement lancéolées, la terminale presque en cœur, bordées de dents irrégulières, peu marquées. **Pétioles** courts, presque dépourvus d'aiguillons, rougeâtres; stipules larges, vertes, peu dentées. **Fleurs** très belles, très doubles et d'un beau port, réunies trois à quatre à l'extrémité de chaque rameau. **Pédicelle** assez gros, ferme, garni de poils glanduleux, courts et assez nombreux. **Bouton** d'une forme élégante, ovoïde. **Tube commun** ovale, lisse; lames oblongues-acuminées, entières, d'un vert élégant qui contraste gracieusement avec le rose carminé intense des pétals. **Pétals de la circonférence** blanc rose, demi-ascendants, d'un rose carminé très tranché au centre; tous très élégamment disposés, et qui forment par le contraste des nuances une fort belle fleur à pétales très fermes.

Cette variation très distinguée a été obtenue de semis par M. J.-B. Guillot, qui vient de la mettre en vente au prix de 20 francs. Le semis en a été fait en 1845; la première fleur a paru en 1846: elle a été présentée comme semis à l'exposition de la Société d'horticulture pratique du Rhône en mai 1847; elle a aussi figuré dans sa collection des vingt-cinq plus belles roses en septembre 1847, à l'exposition de la même Société.

---

(1) Horticulteur rosemann, à la Guillotière, rue de Tourville.

Remarque sur la famille des Rosacées.

(Suite.)

En résumant les caractères des **Rosacées**, telles que BARTLING les a établies, et qui sont constituées sur le seul genre Rose, qu'on peut à peine diviser en sous-genres, cette famille renferme des arbustes aiguillonnés, des feuilles composées, pennées avec impaire, des stipules unies au pétiole, des sépals unis en un tube ovoïde ou sphérique, tapissé intérieurement par la base des pétals persistante et devenant charnue ainsi que lui; les étamines persistent et se fanent sur place; mais leur base concourt à former la chair plus ou moins dure du *Cynorrhodon*, que l'on nomme vulgairement fruit, ou plus ridiculement encore ovaire, car toutes ces parties ne sont qu'accessoires, puisque les véritables fruits sont ce que l'on nomme communément les graines; ce qui évidemment ne peut être, puisque chacun de ces corps oblongs, très durs, est surmonté d'un style et d'un stigmate. Ce sont donc là les véritables fruits ou carpels des botanistes; chacun de ces fruits ne renferme qu'une graine pendante qui, par la germination, a la force de rompre cette espèce de noyau qui l'enveloppait.

NOMENCL. ***Rosaceae*** Barth. ord. nat., p. 400 (1830). ***Rosacearum** trib.* 2, *sive* ***Rosæ***, A. L. de Juss. gen. plant., 335 (1789). ***Rosacearum** trib.* 7, *sive* ***Rosae***, A. P. de Cand., prodr. 2, p. 596 (1825).

Flor. et Pom. Lyonn. Octobre 1847.

Pourpier Martin-Cabaret.

POURPIER GILLIÈS.

Portulaca Gilliesii. (HOOK.)

Plante ordinairement bisannuelle. **Tige** très rameuse dès le bas, jaunâtre d'abord et ensuite rougeâtre, ainsi que les rameaux, et comme charnus, cylindriques. **Feuilles** alternes, linéaires cylindroïdes, comme triangulaires, obtuses (de près de 3 centim. de longueur), munies le plus souvent à leur aisselle d'une touffe de longs poils blancs caducs. **Fleurs** grandes, 2 à 3 sessiles au sommet des rameaux, entourées de 6-9 feuilles, souvent plus grandes que celles du reste de la plante, et formant une espèce de colerette autour d'elles. **Sépals** 2? (plutôt 3 unis d'un côté et 2 de l'autre), lancéolés, concaves, demi-coniques, bord à bord, unis par leur base. **Pétals** 5, très grands, presque circulaires-triangulaires, plus ou moins échancrés au sommet, adhérents par une petite portion de l'onglet qui reste collée au tube des sépals, irrégulièrement placés bord sur bord, très caducs, atteignant presque la longueur des feuilles qui font colerette, variables du rouge violacé au rouge vineux et au jaune, d'une couleur unique dans toute leur étendue, ou changeant de teinte près de l'onglet. **Etamines** nombreuses à filets très minces, adhérentes par leur base au tube commun et à la base du capitel, et dont le sommet est engagé vers le haut de la dorsale; anthères parallèles, s'ouvrant en dedans par deux fentes longitudinales. **Carpels** 2-8 unis par leurs carpes, à styles libres ou unis et terminés par un égal nombre de stigmates. **Capitel** sphéroïdal ou ovale, se rompant circulairement, au point où ils cessent d'adhérer avec le tube commun. **Graines**

réniformes, assez nombreuses, ponctuées en creux, portées par des funicules qui naissent des bords carpellaires unis au centre du capitel; parois écartées des bords carpellaires, mais se faisant remarquer par des lignes longitudinales. — Envoyée du Chili près de Mendoza, par le docteur GILLIES, d'où elle a été renvoyée en 1830 à la Societé d'horticulture de Londres. Assez répandue actuellement dans les jardins.

Variat. 1. POURPRE. — **P. Gilliesii purpurascens.** Fleurs pourpres, glacées de violet et tachées de blanc près l'onglèt. *P. Gilliesii,* Hook. bot. mag., pl. 3064; the botanist., 2, pl. 78; bot. reg., pl. 1672 (mai 1834), et flor. serr. et jard. ang., 2, p. 63, pl. 14, fig. 4 (1834); Spach, suit. buff., 5, p. 226 (1836).

Variat. 2. ROUGE-VINEUX. — **P. Gilliesii rubro-vinosa.** Fleurs rouges glacées de blanc. *P. grandiflora flore purpureo.* Hook. bot. mag., pl. 2855, fig. 2. *P. grandiflora Camb. P. Gilliesii.* bon jard., 1845, p. 415.

Variat. 3. ORANGÉ. — **P. Gilliesii aurantiaca.** Fleurs orangées, glacées de jaune. *P. Tellusonii.* Lindl., bot. reg. 13, nov. ser., pl. 31. *P. grandiflora var. rutila.* Lindl., bot. reg. 24, miss., n° 114.

Variat. 4. JAUNE. — **P. Gilliesii lutea.** Fleurs jaunes, à peine tachées de rouge à leur base (en dessus). Cette dernière variété paraît avoir déjà paru dans les semis faits en Angleterre. *P. grandiflora flore luteo.* Hook. bot. mag., pl. 2885, fig. 1, d'après l'herb. gén. de l'amat., 1, pl. 59 (1839).

L'un de nos grands amateurs, M. Martin CABARET, avait, depuis quelques années, la première et la troisième variété, et il a été tout étonné de voir apparaître celles à fleurs jaunes, qu'il a continué à propager et qui s'est conservée sans mélange; aussi quelques amateurs lui ont-ils donné le nom de *Pourpier-Martin-Cabaret.* Toutes ces variétés, placées en petits groupes ou en platebande près des murs chauds, fleurissent de juin à la fin de septembre, et produisent, malgré qu'elles soient très éphémères, un effet charmant, de dix heures du matin à deux ou trois heures de l'après-midi.

2

1

Eug. Grobon pinx.

Dubic.

Poire Beurré Belle Desquerne.

POIRE BEURRÉ BELLE DESQUERME.

Cette belle variation de beurré, depuis peu introduite dans nos cultures lyonnaises, est en même temps d'un goût exquis; elle a été présentée par M. Gaillard (de Brignais, près Lyon) à l'exposition de septembre 1847 (1). Elle est d'un beau volume, d'une forme et d'une couleur non moins élégante ; la peau est mince, la chair extrêmement succulente; les loges sont étroites et contiennent exactement des graines brun-clair, oblongues, qu'elles enveloppent étroitement, et qui naissent au-dessous de la moitié du fruit (dans la position où il est représenté dans notre planche). En un mot, c'est un fruit de première qualité, et que l'on doit répandre dans toutes les nouvelles plantations. Le pédicelle est assez gros, court, roux (de près de 2 centimètres) ; le fruit a 8 centimètres de longueur sur 7 de diamètre ; sa couleur est d'un jaune clair du côté ombragé, et rousse du côté éclairé; la chair est extrêmement fondante, et se réduit complètement en suc légèrement parfumé, sans laisser rien de pâteux ni de granuleux. L'arbre est très fertile, et mûrit ses fruits en septembre. Les amateurs de fruits excellents, doivent s'empresser de multiplier abondamment cette exquise variation.

---

(1) Plusieurs autres pépiniéristes, tels que MM. Nérard, Morel, etc., possèdent aussi cette variation à Lyon.

Remarques sur l'ALBUM de POMOLOGIE de M. Bivort.

La Belgique vient de nous donner le commencement d'un ouvrage consacré exclusivement aux fruits. Il a pour titre: **Album de Pomologie;** il est publié à Bruxelles par M. A. Bivort, membre de plusieurs sociétés d'horticulture belges et françaises. Nous n'en connaissons encore que les deux premières livraisons, contenant chacune 7 à 8 fruits. Les feuillets de texte, qui peuvent être isolés les uns des autres, n'ont aucune pagination, mais les planches n'offrent pas le même avantage, car la même planche porte souvent deux variétés. Au lieu de prendre un in-4° oblong, l'auteur aurait bien mieux fait de ne représenter qu'une seule variation sur grand in-8°, dont il a d'excellents modèles en Belgique; ce qui aurait permis de rapprocher par la suite celles qui auraient le plus de rapports entre elles. Ces planches ne sont accompagnées que du numéro du catalogue général de *Van-Mons*, ce qui est assez incommode pour les citations. L'auteur, d'après l'aperçu de prospectus qu'il donne de l'ouvrage sur la couverture, a en vue de publier successivement les nouveautés obtenues des semis faits par Van-Mons: travail important, que M. Bouvier a continué. M. Bivort ne se bornera pas aux fruits nés dans cet important établissement; il intercalera des fruits nouveaux ou anciens dont le mérite sera bien apprécié. Ces deux livraisons ne contiennent encore que des Poires, mais nos autres arbres à fruits européens y trouveront place. Il est à regretter que l'on n'ait pas indiqué la longueur, le diamètre et le poids des fruits, et que, parfois, on manque complètement de moyen de citer la partie de l'ouvrage où se trouve la plante.

D'ailleurs, le but de l'auteur n'est pas de donner dans cet Album la description de toutes les nouveautés, mais celles dont on aura bien apprécié l'importance et qui méritent d'être propagées.

Chaque livraison, qui renferme quatre planches représentant un ou deux fruits coloriés (dans ces deux numéros sont figurées quinze variations), est du prix de 2 fr. pour les souscripteurs. Il est difficile, en continuant à apporter la même exactitude au coloris, de mettre à un plus bas prix une publication qui se recommande d'ailleurs par une bonne exécution.

Les descriptions sont faites avec soin. Il serait à désirer que l'auteur, entouré d'une grande collection et visité par de nombreux connaisseurs, s'occupât de nous donner une classification des fruits et surtout qu'il cherchât à en établir une sévère synonymie. C'est un des points importants qu'il doit avoir constamment en vue. Nous l'engageons à continuer avec persévérance la tâche qu'il a entreprise; il peut rendre de grands services à l'horticulture et perfectionner ce que son digne prédécesseur a si glorieusement commencé.

Nous allons donner les caractères des variations figurées, en nous bornant aux plus importants (et en les faisant précéder d'un numéro d'ordre).

---

1. **Poire Colmar Artoisenet** (cat. gén., n° 679). **Fruit** pyriforme, 2-4 sur le même rameau (11 centimètres de long sur 9 ½ de diamètre dans la partie la plus large). **Pédicelle** (queue) de 2-3 centimètres; gros, légèrement enfoncé dans la base du fruit. **Orifice** (œil) petit, irrégulier, au fond d'une excavation large et profonde. **Tube des sépals** (pelure ou peau) vert clair d'abord, tacheté et lavé de brun marron, passant ensuite au jaune doré, et alors teinté de rougeâtre par place. **Chair** (base des étamines, des pétals et des étamines tuméfiées) blanche, demi-beurrée, un peu grosse. Mûrit du 15 octobre à la fin de novembre. Présentée à l'exposition de la Société royale d'agriculture, etc., de Bruxelles, en **1845**: observée dans le jardin de feu M. Simon-Artoisenet, à Jodoigne. Produit abondamment en espalier.

2. **Poire beurré Bosc** (Van-Mons, cat. gén., n° 66). **Fruit** très gros, allongé, relevé de quelques côtes à l'orifice (12 centimètres sur 8). **Pédicelle** (queue) cylindrique conique, assez long (2 centimètres ½), brun, canelé, engagé dans un enfoncement de la base. **Orifice** petit, irrégulier, peu enfoncé, gris. **Tube des sépals** (peau) raboteux, jaune clair, canelé près du sommet, lavé de brun marron par place et irrégulièrement pointillé de gris. **Chair** blanche, fine, fondante, beurrée, d'un sucré acidulé superfin et d'un parfum des plus agréables. Ce bel et bon fruit mûrit d'octobre en novembre; a de la ressemblance avec la *poire Çalebusse Bosc* (Van-Mons), mais il lui est supérieur en qualité : arbre vigoureux, d'un port élégant, prenant assez bien la forme en pyramide.

3. **Poire beurré blanc des Capucines** (Van-Mons, cat. gén., n° 806). **Fruit** ordinairement réuni 2-3 aux extrémités des rameaux latéraux, très gros, allongé, ventru, se rétrécissant manifestement vers l'orifice du tube, qui est presque superficiel, large à la base (10 centimètres sur 8 ½). **Tube des sépals** (pelure) rude, vert, taché de brun clair et très brun à sa base. **Pédicelle** cylindrique, assez mince (2 centimètres ½), implanté dans un enfoncement marqué de la base. **Chair** blanche, cassante, fondante, succulente; eau abondante assez parfumée. Mûrit du 15 au 30 octobre. Belle et bonne poire, *improprement classée parmi les beurrés*, à cueillir un peu avant sa maturité, mangeable aussitôt qu'elle est légèrement teintée de jaune; plus mûre, elle devient sèche. Le fruit se détache facilement de l'arbre. Son origine est inconnue. L'arbre, greffé sur franc, est vigoureux, il forme de belles pyramides.

(La suite à un autre Numéro.)

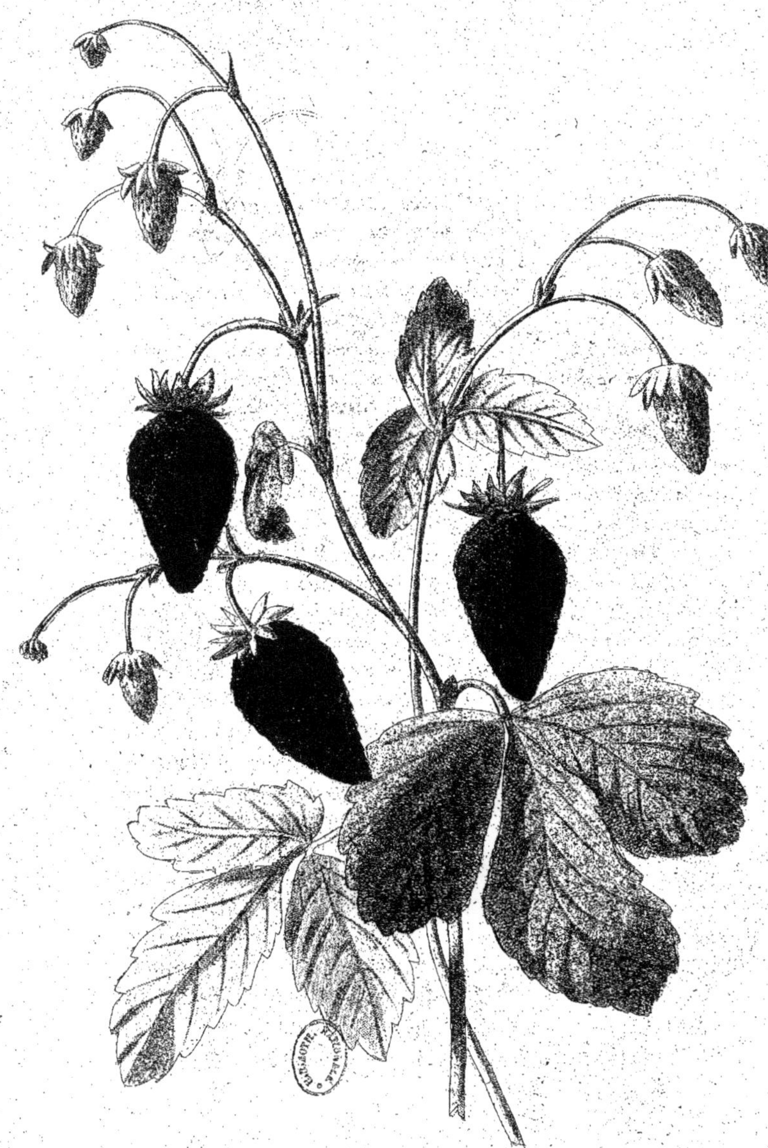

Eug. Grobon pinxi　　　　Duchene sc.

Fraise Lagrange

FRAISE LAGRANGE.

Racine fibreuse. **Tiges souterraines** courtes. **Rameaux stériles** très minces, fort longs, naissant parmi d'autres rameaux courts, gros, et qui donnent naissance à des racines supplémentaires et à une rosette de feuilles, des aisselles desquelles partent 2 ou 3 rameaux à fleurs, qui produisent presque aussi vite que les autres rameaux fertiles. **Feuilles inférieures**, à longs et minces pétioles cylindriques, à peine canaliculés; lobes grands, ovales, obtus, minces, largement et profondément dentés; fibres nombreuses, obliquement ascendantes et se terminant par une pointe courte à l'extrémité de chaque dent. **Fleurs** 3-8, en cime paniculée simple, petites, accompagnées, le plus souvent, au-dessous de la première, d'une bractée-feuille à trois lobes obovales obtus très minces, à dents obtuses bien prononcées, grisâtres en dessous, et munies de stipules lancéolées entières; les autres garnies latéralement des deux stipules de la feuille dont le pétiole et les lobes sont oblitérés. **Bractéoles** oblongues, plus étroites que les sépals, étalées comme eux pendant la fleuraison et la maturation, le plus souvent 5, mais parfois incomplètement 6-7-8. **Sépals** ovales, un peu pointus et ciliés, persistants. **Fraise** oblongue, pyramidale-ovoïde, de 30 millim. de longueur sur 19 à 20 de diamètre, d'un beau carmin rouge foncé, pendante, très parfumée et très savoureuse, portée 3 à 7 sur le même rameau, dont les pédicelles sont élégamment arqués. **Carpes** ovoïdes lenticulaires, à style naissant latéralement du carpe, et à stigmate le dépassant peu à la maturité, portés superficiellement sur une chair succulente.

Cette excellente variation, très fructifère dès la deuxième année, a mûri à la fin d'octobre. Les fruits s'élèvent élégamment au-dessus des feuilles. Elle est due à des semis faits, en 1846, par M. LAGRANGE, horticulteur à Oullins près Lyon. Nous la recommandons pour l'époque de la maturité, l'abondance de ses fruits délicieux et d'un parfum très pénétrant.

Cette précieuse variation a été présentée à la Société d'horticulture pratique du Rhône, le 24 juillet 1847. (Bull., p. 137 et 175, 19 août.) Les fruits ont la forme de ceux de la fraise des quatre-saisons, mais ils sont plus longs et plus gros. D'ailleurs la plante est très productive.

Les Fraisiers, peu différents des Potentilles, quant à l'organisation florale, s'en distinguent essentiellement à l'époque de la fructification. Dans le premier de ces genres, le sommet du pédicelle se renfle au-dessus des sépals, devient charnu, et forme ce que, dans cette plante, nous nommons vulgairement fruit. Autour de lui sont les bractéoles soudées avec les sépals qui sont unis par leur base, et à leur tube très évasé adhérait, pendant la fleuraison, la base des pétals; plus en dedans adhéraient aussi les étamines, qui se fanent sur place. Il ne reste donc plus à trouver que les carpels, ou, pour le botaniste, le fruit. Nous avons vu que l'axe de la fleur se renfle, devient succulent et parfumé. C'est cette partie qui porte les vrais carpels, qui sont plus ou moins enfoncés par leur base. Ils sont très petits, fort nombreux, irrégulièrement lenticulaires, et portent latéralement, chacun, et très bas, un style surmonté d'un stigmate; c'est dans ce corps, que l'on prend ordinairement pour la graine, qu'est renfermée la véritable graine. Ici comme dans bien d'autres plantes, nous semons des fruits très petits, qui ne s'ouvrent pas. Les Potentilles ne diffèrent des Fraisiers qu'en ce que l'axe floral ne devient pas charnu ni mangeable; et comme il ne se renfle pas, les petits fruits ou carpels qui le couvrent sont très rapprochés les uns des autres; ils sont moins colorés que ceux des Fraisiers, mais ils ont la même forme et la même organisation.

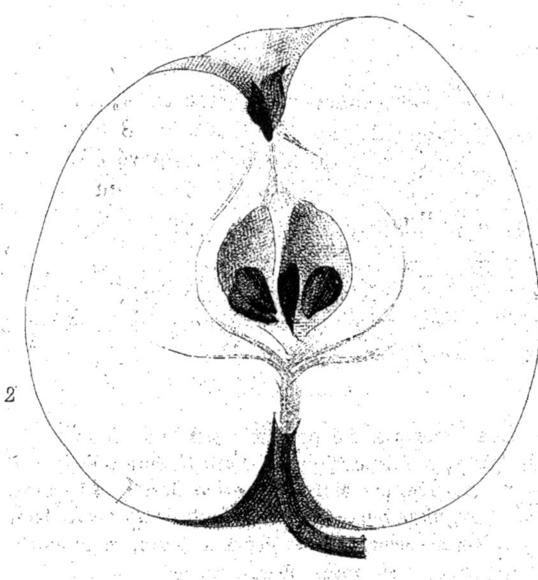

2

1

Eug. Grobon pinx. Duchêne sculp.

Pomme Reinette de S.t Sauveur

POMME REINETTE DE ST-SAUVEUR.

Fruit irrégulièrement sphérique, jaune doré, légèrement teinté d'orange du côté du soleil, de 8 centimètres de diamètre sur 8 $^1/_2$ de longueur, relevé d'une saillie sur l'un des côtés de son sommet, portant des ponctuations assez distantes les unes des autres. **Chair** d'une saveur fort agréable. **Carpes** très amples, renfermant chacun *deux graines* obovées-comprimées. **Lames des sépals** lancéolées, aiguës.

Cette belle Pomme a été présentée par MM. Luizet père et fils, d'Ecully, à l'Exposition de 1846. L'arbre qui l'a produite lui a été fourni par MM. J.-Laurent Jamin et Durand, de Paris. Il est vigoureux ; il a donné plusieurs beaux fruits en 1847, et il a beaucoup de bourgeons à fleurs, cette année ; ceux-ci sont gros, très obtus et rouges.

ALBUM de POMOLOGIE de M. Bivort.

(Suite.)

4. **Poire beurré vert tardif** (Cat. gén., n° 228). **Fruits** 3 à 4 ensemble, de grandeur moyenne (8 centimètres sur 7), régulièrement en poire, un peu ventru. **Pédicelle** roussâtre (environ 2 centimètres $^1/_2$), non enfoncé dans la base du fruit. **Tube des sépals** vert, passant légèrement au jaune lors de la maturité, roussâtre par places, et quelquefois légèrement pointillé. **Orifice du tube** peu enfoncé et peu évasé. **Chair** assez fine, fondante, peu sucrée et peu parfumée. Ce fruit n'est guère recommandable qu'en ce qu'il mûrit en février

et mars; arbre de vigueur moyenne, s'élevant très bien en pyramide sur franc; assez fertile.

5. **Poire Enfant prodigue** (Van-Mons et Cat. gén., nº 234). **Fruit** moyen, 3 à 4 ensemble, en poire, un peu ventru (8 centimètres sur 6). **Pédicelle** très court (à peine 1 centimètre), gros, charnu, ridé, brun foncé, peu enfoncé dans la chair. **Orifice du tube** ouvert, étoilé, régulier, engagé dans une dépression peu profonde. **Tube des sépals** jaune, très marbré de brun, pâlissant bien avant sa maturité, mais restant plus longtemps vert du côté éclairé. **Chair** fine, fondante, beurrée, bien parfumée. Mûrit de février à mars. Greffé sur franc depuis 4 ans.

6. **Poire Lucien Leclerc** (Van-Mons et Cat. gén., nº 540, a fructifié en 1844). **Fruits** de moyenne grosseur, naissant 3 à 5 ensemble (8 centimètres sur 7). **Pédicelle** assez mince, roussâtre, obtus à sa base (de près de 2 centimètres). **Orifice du tube** saillant, verdâtre, bordé de gris. **Pelure** (tube des sépals) très mince, lisse, luisante, vert clair, teintée de brun à la base. **Chair** très fine, blanche, fondante, sucrée, de saveur presque semblable à celle du *Bon-Chrétien-Napoléon*. Semis de Van-Mons, dédié à M. Leclercq (de Jodoigne), jeune amateur d'horticulture. Arbre pyramidal, qui s'élève à plus de 7 mètres.

7. **Poire urbaniste Seedling** (1) (Cat. gén., nº 894). **Fruit** asssez volumineux (de 9 cent. sur 7 $1/2$), de forme assez régulière. **Pédicelle** court et gros (2 centimètres), enfoncé dans la base saillante du fruit. **Orifice du tube** un peu oblique, dans une dépression du sommet

---

(1) Prononcez *séd* (en traînant sur l'é) et *ling* et non laing, en faisant bien sonner toutes les lettres.

du fruit. **Pelure** lisse, jaune orangé, très ponctuée de brun et tachée par place, de fauve, surtout à la base du fruit. **Chair** fondante, beurrée, d'un sucré acidulé superfin. Bon fruit, dont l'origine est inconnue; sa maturité paraît être la fin de novembre. L'arbre est vigoureux; reçu en 1846.

La 2me livraison renferme les variations suivantes :

8. **Poire Paul Thielens** (1) (Van-Mons, 1844, Cat. gén., n° 536). **Fruit** moyen, courtement ovoïde, ressemblant assez à un *beurré blanc* qui aurait pris un médiocre développement, comme cela arrive ordinairement sur les vieux arbres (7 centimètres 1/2 sur 6 1/2). **Pédicelle** court, assez fort, conique, cannelé, brun, pointillé de gris blanc et engagé dans une dépression de la base du fruit. **Tube des sépals** rude, jaune à l'ombre, roux clair au soleil, lavé de brun foncé, et passant au jaune à la maturité. **Orifice du tube** enfoncé, petit, irrégulier. **Chair** demi-fine, fondante, sucrée, bien parfumée, d'une saveur entre celle de la *Bergamote* et du *Rousselet.* Mûrit dans la fin de novembre; s'élève en arbre vigoureux.

9. **Poire beurré d'Arenberg** (Van-Mons). **Fruit** 5-7 réunis à l'extrémité des branches, pyriforme-oblong, bosselé, vert pâle, taché et pointillé de brun surtout à sa base, et parfois engagé dans une dépression. **Orifice des sépals** petit, irrégulier, superficiel. **Chair** fine, fondante, beurrée, sucrée et agréablement parfumée. **Arbre** vigoureux, très capricieux dans sa forme, mais ordinairement en pyramide. **Fruit** de première qualité, acquérant plus de volume quand les sujets sont en espalier. Cet excellent fruit a été répandu dans le commerce

(1) Prononcez *ti*, en marquant fortement le *t*, et traînant sur l'*i*, et *lens*, en prononçant un *e* muet et non un *a*.

sous différents noms, et ailleurs qu'en Belgique, sous une dénomination qui lui a été mal appliquée. En voici la NOMENCLATURE : *beurré d'Arenberg* (Van-Mons, Revue des revues, janvier 1830). Antérieurement à cette époque, VAN-MONS l'envoyait sous le nom de *Colmar Deschamps* (du nom de l'abbé Deschamps, qui l'avait obtenue). Il a encore reçu le nom de *Délices des orphelins*. Deschamps, c'est le *Beurré de Hardenpont*, des Parisiens et des Lyonnais.

10. **Poire beurré Curtes** (Bouvier). **Fruit** moyen, en toupie, presque sphérique (7 centimètres 1/2 sur 7 1/2), vert jaune, et pointillé de blanc jaunâtre à l'ombre, très rouge et pointillé de rouge vif du côté du soleil. **Pédicelle** cylindrique-conique, sec (1 cent. 1/2). **Orifice du tube** noir, irrégulier, placé dans le profond enfoncement du sommet, à peine sillonné. **Peau** fine, lisse. **Chair** blanche, fine, fondante. Obtenu à la suite d'un semis fait par M. BOUVIER, qui l'a cédé à M. Curtes, alors professeur à Bruxelles. Mûrit en octobre.

11. **Poire beurré Quetelet** (Bouvier). **Fruit** moyen, presque sphérique (7 centimètres 1/2 de long sur 7 de diamètre), d'un beau jaune de beurré blanc, tacheté et pointillé de roux brun, quelquefois pointillé du côté du soleil. **Pédicelle** gros, court (1 centimètre 1/2), à peine enfoncé dans la chair. **Orifice des sépals** étroit, irrégulièrement couronné par les lames, lavé de noir et assez enfoncé. **Chair** blanche, fondante, beurrée. **Fruit** de première qualité, mûrissant en octobre. Obtenu dans le même semis que le *beurré Curtes*, dont il est très difficile, dit l'auteur, de le distinguer, il semble ne pas différer du *beurré blanc*. Obtenu par M. Simon BOUVIER, en 1828, qui lui avait d'abord donné le nom de *Bis-Curtet*.

(La suite à un autre Numéro.)

Flor. et Pom. Lyonn. Novembre 1847

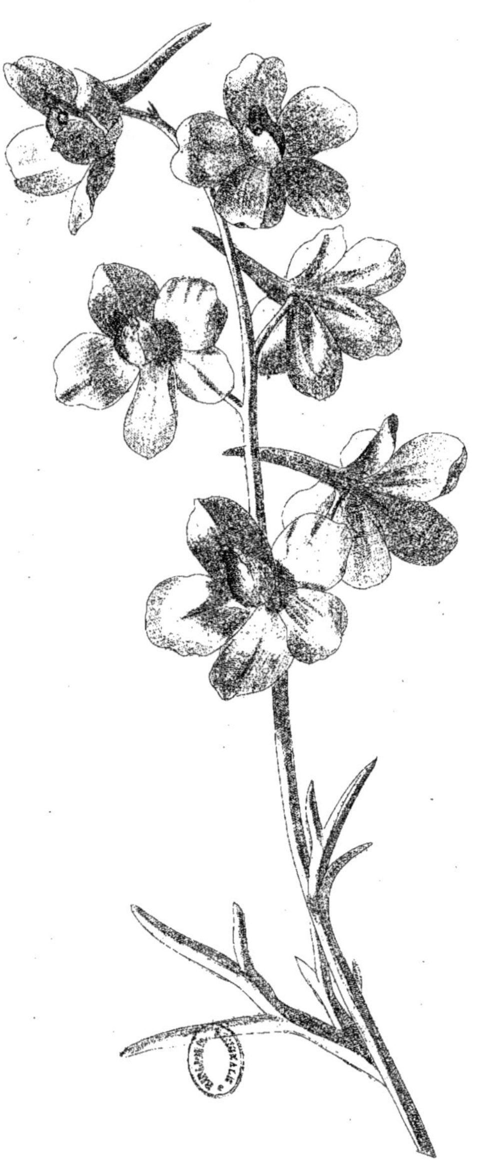

Eug. Grobon pinx.

Beaulieu sculp.

Delphinium lilas.

DAUPHINELLE A GRANDE FLEUR. VAR. LILAS (1).

Delphinium grandiflorum lilacinum. (F[né] WILLERM.)

Racine vivace, charnue, blanche, poussant en mars et donnant de deux à trois tiges lisses, brunes, droites, ramifiées, hautes de 50 à 70 centim. **Feuilles** alternes, d'un vert tendre, à lobes étroits finissant en pointe. **Rameaux** au nombre de 8 à 10, terminés par de longs épis de fleurs grandes, et d'une belle couleur pourpre violet.

Cette variation a fleuri au commencement de juillet, et montrait encore des fleurs à la fin de septembre. Elle provient de graines récoltées, en 1845, sur le *Delphinium grandiflorum* planté à côté de plusieurs *Delphinium Barlowii*.

Le genre Delphinium renferme plusieurs espèces que l'on divise en annuelles et en vivaces. Parmi ces dernières, les principales et les plus recherchées sont le *D. aconitifolium*, le *puniceum*, l'*elatum*, l'*americanum* et le *grandiflorum*. Cette espèce est originaire de la Sibérie; c'est dire qu'elle brave les hivers les plus rigoureux. C'est elle qui a fourni le plus grand nombre de belles variétés à fleurs doubles, semi-doubles et simples. La nature, si avare de la couleur bleue dans le règne végétal, semble l'avoir réservée pour le Delphinium; en effet, la fleur du léger pied d'alouette se revêt d'une robe bleue, azurée, violette, pourpre, grise, en un mot de toutes les nuances du bleu.

Les Delphinium vivaces se cultivent avec facilité. Une exposition au levant, une terre ordinaire mais douce, légère et un peu humide, sont essentiels à la prospérité de ces plantes, que l'on multiplie d'éclats à la fin de l'automne, ou de graines; celles-ci peuvent se conserver deux ans au plus, et germent

---

(1) Cette variation a été obtenue, en 1846, par MM. C-F[né] WILLERMOZ et GRILLON, qui en ont cédé la propriété à M. F[ois] MOREL, horticulteur à la Demi-Lune. Elle sera livrable l'automne prochain.

dans l'espace de quelques semaines. Si l'on tient à une germination abondante, il est convenable de semer après la récolte, c'est-à-dire à l'automne, plutôt que d'attendre le printemps; mais si l'on tient aux bizarreries de formes et de couleurs, on conservera la graine jusqu'au printemps ou à l'automne suivant. En général, plus les graines sont conservées longtemps, plus les anomalies sont grandes; si, au contraire, une graine se sème d'elle-même, et qu'elle se trouve, pendant l'hiver, dans un milieu favorable à sa conservation et à sa germination, elle donnera un sujet qui aura certainement les caractères et les formes de son type. En semant le Delphinium après la récolte, on s'assure d'une belle germination et d'une fleuraison plus prompte. En le semant au printemps, la germination est moins nombreuse, et la fleuraison reculée jusqu'à l'année suivante. On peut semer en terrine ou en pleine terre, mais il est important de tenir le semis dans un état parfait de propreté, c'est-à-dire d'arracher avec soin toutes les herbes étrangères. Lorsque le jeune semis a atteint une hauteur de 10 centim. environ, on le plante à demeure, à une distance de 35 centim. Pour faire cette plantation, il importe de profiter, autant que possible, d'une matinée sombre et d'un temps humide; car si elle se fait le soir, par un temps sec et chaud, et que le planteur soit obligé d'arroser, la courtilière détruira une grande partie du plant pendant la nuit. Cet insecte semble rechercher de préférence les Delphinium; il cause à ces végétaux des dégâts tels qu'ils sont parfois irréparables.

Pour jouir d'une belle fleuraison, il faut au moins refaire les planches tous les trois ans, ne séparer les plantes que dans leur moment de repos, et choisir un sol conforme à celui dans lequel était la première plantation. En coupant les tiges immédiatement après la fleuraison, on fait pousser de nouvelles tiges, qui fleurissent dans les mois de septembre et d'octobre.

F[né] WILLERMOZ.

Poire Beurré Seringe.

Poire Beurré Seringe (Nérard).

Rameaux minces, cylindroïdes, relevés de quelques angles peu marqués. **Ecorce** brune olivâtre, assez lisse, portant quelques lenticelles circulaires fendues en long. **Bourgeons** à feuilles coniques, pointus, obliquement ascendants. **Bourgeons** mixtes ovoïdes, oblongs, pointus, portés sur des rameaux latéraux, gros, courts, creusés de lignes circulaires très rapprochées (bourses). **Fruits**, deux à trois ensemble; presque sphériques, de 7 centimètres de longueur sur 6 $1/4$ de diamètre, à peau (tube des sépals) lisse, fine, peu adhérente, jaune, largement tachetée de roux, surtout vers le pédicelle, qui est mince et arqué. **Chair** extrêmement fine, fondante et sucrée, délicieuse.

M. Nérard aîné, à qui nous devons cette excellente Poire, l'a présentée, en septembre 1847, à l'Exposition de la Société d'horticulture pratique du Rhône. C'est un fruit d'un volume médiocre, mais d'une délicatesse exquise, et d'autant plus précieux, qu'à cette époque les beurrés sont rares. Cet habile horticulteur croit la devoir à des graines de la *Duchesse.* Si cela était, il y aurait d'une génération à l'autre une grande mutation dans les fruits; cette variété a été semée en 1833, et elle a fructifié pour la première fois en 1845 et en 1847. Le fruit que nous figurons n'a pas acquis son parfait développement. Une quenouille de trois ans de plantation en a produit vingt. L'arbre a la forme d'un St-Germain, auquel l'embranchement ressemble aussi, mais les rameaux du St-Germain sont cylindriques, tandis que ceux-ci sont anguleux.

ALBUM de POMOLOGIE de M. Bivort.

(Suite.)

12. **Poire Mme Durieux** (Bivort). **Fruit** moyen en volume, sphéroïdal (7 centimètres $^1/_2$ de longueur sur 8 de diamètre), légèrement déprimé, vert jaune, portant de larges taches roux-brun, surtout vers le **pédicelle**, qui est court (1 centimètre $^1/_2$) et de volume moyen. **Orifice des sépals** assez régulier, noirâtre, assez enfoncé. **Chair** blanche, fondante, beurrée, ayant le *parfum particulier des bergamotes*, parmi lesquelles il faudra la porter. Arbre dont le fruit, de qualité supérieure, a été apprécié d'abord en 1845, dans les pépinières de M. Bivort, et examiné de nouveau en 1846.

13. **Poire Colmar Navez** (Bouvier). **Fruit** réuni par 4-5, gros, pyriforme (10 centimètres de longueur sur 9), vert jaune, pointillé de roux brun, quelquefois taché de roux par place, lisse, parfois légèrement carminé du côté du soleil à la maturité. **Pédicelle** assez mince (de près de 3 centimètres), implanté dans un léger enfoncement. **Orifice des sépals** enfoncé dans une cavité assez évasée, à lames étoilées. **Chair** d'un blanc jaunâtre, fondante, beurrée, sucrée et légèrement acidulée et bien parfumée. Arbre vigoureux. Mûrit en octobre et se conserve jusqu'à la moitié de novembre. Il faut, selon M. Bivort, rapporter à cette variété le *beurré Navez*. Provient de semis faits par M. Bouvier (de Jodoigne), qui l'a dédié à M. Navez, célèbre peintre belge.

14. **Poire beurré d'Hardenpont** (Hardenpont). **Fruit** (en espalier) très gros, irrégulièrement en poire,

mais un peu contracté à son tiers inférieur (1), bosselé, relevé vers son sommet de quelques côtes très lisses, d'un vert un peu glauque (vert d'œillet), tacheté de brun (long de 11 centimètres sur 9 $^1/_2$ de diamètre). **Pédicelle** assez fort, (de 2 décimètres $^1/_2$). **Orifice des sépals** enfoncé, à lames peu distinctes et noirâtres. **Chair** blanche, très fine, beurrée, très fondante, assez parfumée. Fruit de première qualité, et qui mûrit en décembre. Arbre peu productif, en pyramide ou en plein vent, selon M. BIVORT, qui conseille de le placer en espalier au levant, où il produit chaque année des fruits magnifiques et de qualité supérieure. Obtenu en 1759, par les semis faits par M. d'HARDENPONT, cet arbre est confondu à Lyon avec le *beurré d'Arenberg*, mais le premier est beaucoup plus gros, bosselé, cannelé à côtes, marqué au sommet, un peu rétréci (étranglé) à son tiers inférieur, tandis que le *beurré d'Arenberg* est bien plus petit, oblong-pyriforme, très brun à sa base, à peine bosselé, à pédicelle très court et charnu ; cette excellente variété a été obtenue de semis en 1759, par M. d'ARENBERG.

15. **Poire Emilie Bivort** (Bouvier). **Fruit** moyen, presque sphérique, déprimé (6 centim. de haut sur 7 de diamètre), d'un jaune gomme-gutte, pointillé de brun, relevé de quelques côtes près l'orifice des sépals qui est enfoncé, et dont les lames sont contractées. **Pédicelle** (1 centimètre $^1/_2$) dont le sommet s'implante sans s'enfoncer sensiblement. **Chair** blanche, fine, fondante, beurrée, très sucrée et agréablement parfumée

(1) Malgré que nous placions ordinairement une poire de manière à avoir son extrémité la plus large en bas, nous ne devons pas regarder cette partie large comme sa base, car c'est l'orifice du tube des sépals (ombilic, ou œil des jardiniers) et conséquemment le sommet réel du fruit, tandis que sa véritable base est ordinairement plus mince et portée par le pédicelle (queue ou picout des jardiniers).

(saveur des *Rousselets*). Mûrit à la fin de novembre. Arbre vigoureux, obtenu avant la mort de M. Simon Bouvier, et dédié à Mlle Bivort, en reconnaissance de ses dessins de fruits.

Observations sur la Pomme de Saint-Sauveur.

Nous occupant d'une manière sérieuse de l'étude et de la classification des fruits, nous sommes obligé, pour nous aider dans nos recherches, de consulter tous les ouvrages qui traitent de cette intéressante partie de l'horticulture. C'est en feuilletant ces recueils que nous avons lu, dans le journal *Le Jardin et la Ferme*, que M. Jamin (Jean-Laurent), pépiniériste à Paris, a présenté à la Société d'horticulture de la capitale, dans l'une de ses séances de 1845, plusieurs Poires et Pommes nouvelles ou peu connues. Parmi ces dernières figurait la Pomme St-Sauveur, classée dans la série des Calville, mais plus grosse que le Calville blanc.

Cette Pomme vient d'être figurée dans le numéro de décembre 1847, des *Annales de Flore et Pomone* de Paris, et décrite page 368. La *Flore et Pomone Lyonnaises* a également donné, dans son numéro de novembre dernier, le dessin d'une Pomme de St-Sauveur, d'après un échantillon présenté par MM. Luizet père et fils, d'Ecully, qui ont reçu l'arbre de M. Jamin (J.-L.).

En examinant les dessins de ces deux publications, il est évident qu'ils ne se rapportent pas au même fruit; MM. Luizet ont-ils commis une erreur? Le même arbre venant également de Paris, et qui a donné les mêmes fruits, existe aussi dans les pépinières de MM. Rivière père et fils, d'Oullins. Ainsi donc, ce n'est pas une erreur de la part de nos collègues; ont-ils été trompés dans leurs envois? nous n'osons le penser. Bientôt nous publierons un article dans lequel nous tâcherons de démontrer combien ces erreurs sont préjudiciables, soit aux amateurs, soit aux praticiens.

C.-Fortuné WILLERMOZ.

Flor. et Pom. Lyonn. Déc. 1867.

Eug Grobon pinx — Duchêne sc

Poire Beurré de Bourgogne.

POIRE BEURRÉ DE BOURGOGNE.

Beurré de Bourgogne? } (Par les pépiniéristes de Saône-et-
— de Saint-Amour? } Loire, 1823).
— de Saint-Quantin? (Venu d'Angers, 1834).
— de Saint-Remy? (Envoyé par M. Aldouse, 1822).
— de Flandres?

Nous tenons de M. CORSAINT, jardinier de M. le baron de TOISY, de Joude (Saône-et-Loire), près Saint-Amour (Jura), le fruit et les rameaux de la variété que nous nous proposons de décrire. Cet horticulteur n'en connaît ni le vrai nom, ni l'origine; il sait seulement que Messieurs les pépiniéristes de Saône-et-Loire la nomment tantôt *beurré de Bourgogne*, tantôt *beurré de Saint-Amour;* il croit que ce dernier nom lui vient de ce qu'elle a été répandue dans les environs de cette petite ville avant de l'être dans le département de Saône-et-Loire; il en attribue l'introduction dans son pays, à un médecin qui l'aurait reçue du Nord, en 1820 ou 21.

M. NÉRARD aîné, pépiniériste à Vaise, qui était présent lorsque nous déposâmes ce fruit sur le bureau de la Société d'horticulture du Rhône, nous dit l'avoir reçue de cinq maisons, sous cinq noms différents; ces noms sont à la tête de cette description.

Nous avons pensé que le seul moyen de reconnaître cette Poire, était d'en publier le dessin. Sans doute que parmi les lecteurs de la Flore et Pomone Lyonnaises, il s'en trouvera quelques-uns qui la connaissent et possèdent à son égard des renseignements positifs; dans ce cas, nous les prions d'avoir la bonté de nous les communiquer, afin que nous puissions les publier dans l'un des Bulletins de la Société d'horticulture du Rhône. (Nous croyons, d'après les renseignements que nous avons pu prendre, que c'est la Fondante des Bois.)

L'arbre sur lequel a été cueillie cette poire est âgé de 15 à 16 ans, très fertile, de moyenne grandeur (quatre mètres), d'une vigueur médiocre ; greffé sur coignassier, il forme une très élégante pyramide plantée au midi dans une terre légère et riche d'engrais.

Rameaux de l'année légèrement arqués, grêles, inégaux, atteignant environ 50 centimètres, brun-marron, à peine maculé de quelques petites lenticelles ovoïdes grises.

Bourgeons inégalement placés, nombreux, rapprochés, petits, aigus, de même couleur que les rameaux.

Feuilles petites (sur les rameaux de l'année, plus grandes sur le vieux bois), lanceolées, aiguës, luisantes, minces, presque planes, finement dentées, vert foncé au-dessus. Pétiole long, faible, vert jaunâtre.

Le **Fruit** est gros, pyramidal, obtus, presque tronqué des deux bouts, renflé vers le milieu; hauteur 11 centimètres, largeur 8 centimètres et $^1/_2$. **Peau** d'un jaune verdâtre à la maturité, maculée de nombreuses ponctuations roussâtres, et fortement recouverte d'une belle couleur rouge foncé, du côté du soleil.

L'ombilic est petit, irrégulier, placé dans une cavité évasée, régulière.

Pédicelle court, gros, charnu, implanté dans une cavité peu profonde. (M. Poncet nous a montré un échantillon dont le pédicelle était long de deux centimètres $^1/_2$.)

Chair blanche, fine, fondante, beurrée, sucrée, agréable, parfum peu prononcé.

C'est un bon fruit qui mûrit à la fin de septembre ou dans les premiers jours d'octobre. Il est cultivé chez tous nos pépiniéristes du Rhône.

C.-Fortuné WILLERMOZ.

TABLE

DES PLANTES CONTENUES DANS CE VOLUME.

pages.

Acacie cunéiforme 19
hastulée 21
Album de pomologie 86
Alstrœmérie verticolor 71
Azalée amanta 27
d'élite 27
indienne 27
rose orangé 27
Bourgeons 74
Boutons 74
Calcéolaire festonnée 63
Calcéolaria crenatiflora 63
Camelia à nommer 35
Classification 34
Lacène 3
Chilopsis linearis 77
Dauphinelle à grandes fleurs lilas 95
Exposition de fleurs, juin (1847). 47
Fraisier Lagrange 89
Greffe de bourgeons à fleurs . . 13
Mélèze européen pyramidal . . . 45
Mimosacées . . . . 20—22
OEillet Alexandre Billet 7
Bayard 7
Giroflé 8
Rosalie 7
Sylvestre 8
Papilionacées 22
Pelargonium cucullatum 41
Duc de Devonshire . . . 41
en capuchon 41
Lucie 41
Mme Duchêne 41
Melle Jurie 67
Marq. de Castellane . . . 67
M. Seringe 68
Remarques 68
Phlox acuminé 12
glaberrima . . . . . . 11—12
Mme Nérard 73
surprise 11

pages.

Poire 18
Beurré belle Desquerme . . 85
— blanc des Capucines 88
— Bosc 88
— Curtès 94
— d'Aremberg 93
— de la Glacière . . . 9
— de Bourgogne . . . 101
— Duchesse de Prusse. 17
— d'Ardenpont 97
— Quettelet 94
— rouge d'Anjou . . . 79
— Seringe 97
— vert tardif 91
Colmar Artoisenet 87
Mme Navez 97
Durieux 97
Emilie Bivort 99
Enfant prodigue 92
Lucien Leclerc 92
Paul Thielens 93
Retour de Rome 92
Urbaniste Seedling 92
Pomacées . . . . 26—66
Pomme Cusset 91
de Céda 25
Reinette Cusset 65
— de St-Sauveur . 91
— Menoux 5
Portulaca Gillesii flava 83
Rhododendron Hénon 33
Rosacées 81
Rosier étendard de Marengo . . . 43
Rodanthe 81
Victoire d'Austerlitz . . . 61
Taille des Pêchers 13
Verveine Amélie 29
d^r^ Jobert 29
Mlle Jurie 29
Viburnum Tinus lucidum 23
Viorne à grandes fleurs 23

BIBLIOTHEQUE NATIONALE DE FRANCE
3 7531 01962930 3